Die Kristallhöhle Kobelwald

Peter Kürsteiner, Hans Stünzi, Marco Filipponi

Gestaltung:
Roger Kühnis

Lithos:
rva Druck und Medien AG,
9450 Altstätten
Photolitho Bienna AG,
2500 Biel

Druck:
rva Druck und Medien AG,
9450 Altstätten

Verlag:
Verkehrsverein Kobelwald,
9463 Oberriet

ISBN: 3-9521425-0-6

Die Kristallhöhle Kobelwald

Peter Kürsteiner, Hans Stünzi, Marco Filipponi

Dank

Die Herausgabe dieses Buches wurde in grosszügiger Weise finanziell unterstützt durch verschiedene Institutionen, Vereine, Firmen und Privatpersonen, denen wir für ihr Engagement und ihr Entgegenkommen danken:

Arbeitsgemeinschaft für Speläologie Regensdorf
Clientis Biene Bank im Rheintal, 9450 Altstätten
Ria & Arthur Dietschweiler Stiftung,
9000 St. Gallen
Höhlenclub Alpstein
Josef Jansen Stiftung, 9463 Oberriet
Kanton St. Gallen
Bernhard Lämmler, 9200 Gossau
Karl Mayer Stiftung, FL-9495 Triesen
Mineralogischer Verein St. Gallen
Ortsgemeinde Holzrhode, 9463 Kobelwald
Ortsgemeinde Montlingen, 9462 Montlingen
Politische Gemeinde Oberriet, 9463 Oberriet
rva Druck und Medien AG, 9450 Altstätten
Sonnenbräu AG, 9445 Rebstein
St. Gallisch-Appenzellische Kraftwerke AG,
9001 St. Gallen

Für die wohlwollende Aufnahme unseres Projektes und für die Herausgabe des Buches bedanken wir uns beim Verkehrsverein Kobelwald. Einen besonderen Dank richten wir an Thomas Kühnis, Präsident des Verkehrsvereins Kobelwald, der unserem Ansinnen von Anfang an aufgeschlossen und interessiert gegenüberstand und das Buchprojekt entscheidend förderte.

Dr. Michael Soom, Heimiswil, hat das Werk von Beginn an mit Rat und Tat unterstützt. Er hat unter anderem beim Verfassen verschiedener Textstellen geholfen sowie eine Skizze beigetragen. Für diesen grossen Einsatz möchten wir ihm herzlich danken.

Weiter geht unser Dank an die Mitglieder des Höhlenvereins AGS-Regensdorf (Arbeitsgemeinschaft für Speläologie), ohne deren viele Arbeitsstunden in der Höhle weder die Planzeichnungen noch die wissenschaftlichen Untersuchungen möglich gewesen wären.

Erwähnen möchten wir zudem die Mithilfe von Dr. Beda Hofmann (Naturhistorisches Museum Bern), Patty, Roger Moor (Arbon), Thomas Schüpbach (Ipsach), Pius Vorburger (Güttingen) und Dr. Wilfried Winkler (Geologisches Institut der ETH Zürich). Ihnen und vielen weiteren Personen möchten wir an dieser Stelle vielmals danken.

Roger Kühnis, Altstätten, war für die Buchgestaltung verantwortlich. Für seinen grossen Einsatz sind wir ihm sehr dankbar.

Einführung

1

«Bekannt ist die Kristallhöhle schon seit langem; wer nicht einmal mit einer flackernden Kerze in der Hand sich in das geheimnisvolle Dunkel der Höhle gewagt hat, ist kein rechter Rheintaler! Unheimlich rauschte dem Eindringling nach wenigen Schritten das Plätschern eines Baches entgegen und bald gebot ein kleiner Tümpel und ein Wasserfall den meisten Höhlenforschern ein gern befolgtes Halt. Nur die allerkühnsten überwanden diese Hindernisse und drangen tiefer in die Eingeweide des Berges vor. Allüberall an den Höhlenwänden glitzerten die Kristallflächen des Kalkspates auf, von dem man mit einem mitgebrachten Hammer einige Stücke loszulösen suchte.»

Diese Worte stammen von Friedrich Saxer, dem späteren Konservator des Naturmuseums St. Gallen. Er schrieb sie im Artikel «Die Kristallhöhle Kobelwald», welcher im Rorschacher Neujahrsblatt des Jahres 1936 erschien. Zu jener Zeit galt es demnach als ein Muss, die Höhle besucht und bestaunt zu haben.

Bereits Karl August Zeller schrieb im Jahre 1807 in «Die neuesten Briefe aus der Schweiz, in das väterliche Haus in Ludwigsburg»:

«Jene Höhlen des Rheinthals gehören unter die schönsten und vortreflichsten Crystallhöhlen von Europa, und verdienen mit Recht von einem jeden Reisenden betrachtet zu werden, da man hier Crystallfelsen von solcher Grösse findet, dass man viele tausend Zentner davon wegführen könnte.»

Das riesige Calcitvorkommen beeindruckte die früheren Chronisten und Schriftsteller gleichermassen. So erwähnt doch der Kaplan und Schriftsteller Joseph Anton Widmer im Jahre 1843 in «Das Wildkirchlein im Kanton Appenzell J. R.» bei der Beschreibung des Säntisgebirges den «mit Fraueneis und Krystal geschwängerten Kamor», wobei er zweifellos an die Kristallhöhle dachte.

Auch heute noch zieht die Kristallhöhle Kobelwald alljährlich viele Besucher in ihren Bann. Die Höhlenatmosphäre, die Kristalle, die Tropfsteine, das rauschende Wasser sowie die Lichtverhältnisse üben eine grosse Faszination aus. Es handelt sich um die einzige begehbare, wasserführende Höhle mit einem grossen Calcitvorkommen der Schweiz.

Die Kristallhöhle Kobelwald befindet sich oberhalb des Weilers Kobelwald bei Oberriet im St. Galler Rheintal, am Fusse des nordöstlichen Ausläufers des Alpsteins. Die Höhle ist im Besitz der Ortsgemeinde Montlingen. Als Schauhöhle unterhalten und betrieben wird sie durch den Verkehrsverein Kobelwald. Die Betreiber der Höhle sind Mitglied der Vereinigung der Schweizer Höhlenbesitzer (VSH).

Die vereinzelt auch «Kristallhöhle Kobelwies» oder «Kristallhöhle am Kienberg» genannte Höhle gehört zu den am frühesten bekannten Mineralfundstellen der Schweiz. Sie enthält eines der grössten Minerallager dieses Landes. Die Kristallhöhle ist im Geotopinventar des Kantons St. Gallen sowie im Schutzplan der Gemeinde Oberriet, erlassen am 21. September 1992, aufgeführt.

Die Kristallhöhle Kobelwald wird in der Literatur häufig erwähnt. Ein eigentlicher Führer durch die Höhle existiert aber nicht. Das vorliegende Buch soll nun diese Lücke schliessen. Es erlaubt dem interessierten Leser, sich über die Höhle zu informieren. Dabei werden die Höhle, deren Geschichte und Mineralien beschrieben, auf die Frage der Entstehung der Höhle wie auch der Minerallager eingegangen und ein geologischer Überblick über das umliegende Gebiet vermittelt. Zudem werden verschiedene weitere Themen – Hydrogeologie, Sedimente sowie Höhlenklima – behandelt und Hinweise zur Begehung der Schauhöhle gegeben. Der komplette Höhlenplan (Grundriss, Längsschnitt und Gangprofile) sowie ein Literatur- und Fachwörter-Verzeichnis schliessen das Buch ab.

Geschichte der Kristallhöhle

2

2.1.

Entdeckung der Höhle und erste Beschreibungen

Die Kristallhöhle Kobelwald wurde nach dem Volksmund im Jahre 1682 von einem Jäger entdeckt. In der Literatur wird die Höhle schon früh erwähnt, erstmals im Jahre 1702 vom Zürcher Gelehrten *Johann Jacob Scheuchzer.* Dieser beschreibt in «Specimen Lithographiae Helveticae Curiosae» (1702) den von ihm «Selenites rhomboidalis» genannten Calcit der Kristallhöhle Kobelwald und gibt drei Abbildungen in Kupfer wieder («Fig. 71.», «Fig. 72.», «Fig. 73.»). Es handelt sich dabei um die ersten druckgrafischen Darstellungen von Mineralien des Alpsteins. Die Calcite hatte Scheuchzer vom Pfarrherrn Johann Henricus Faesius aus Altstätten erhalten. Johann Jacob Scheuchzer dürfte die Höhle selber nie besucht haben.

Auch in Scheuchzers späteren, deutschsprachigen Werken «Beschreibung der Naturgeschichten des Schweizerlandes» (1706) sowie «Natur-Geschichte des Schweitzerlandes» (1746) wird die Kristallhöhle aufgeführt und beschrieben. Den obgenannten wiederverwendeten drei Abbildungen fügt Johann Jacob Scheuchzer bei diesen beiden späteren Ausgaben noch eine weitere Abbildung («Fig. 73.*») hinzu. In der Ausgabe von 1706 bemerkt er zur Kristallhöhle:

«Auf dem hohen Gebirg Camor, Gamor, Gimmor, welches denen Appenzelleren / und Rheinthaleren die fruchtbarsten Weiden gibt / ist eine Crypta, oder hole Kruft / deren eingang so eng / dass man fast hinein muss kriechen / die inwendige gestalt aber bald 10.20. bald nur 3.4. Schuh[1] *hoch / etwan 15. etwan aber nur 4.5. Schuhe breit. Mit allem angewendten fleiss ist hr. J. H. F. hochverdienter Pfarrer und Decanus zu Altstetten hinein kommen über die 144. Schuhe / und hat darinn wargenommen / das entspringe ein klares Brunnenwasser / welches unten an dem Berg ausfliesset / und denen anwohnenden Rheinthaleren*

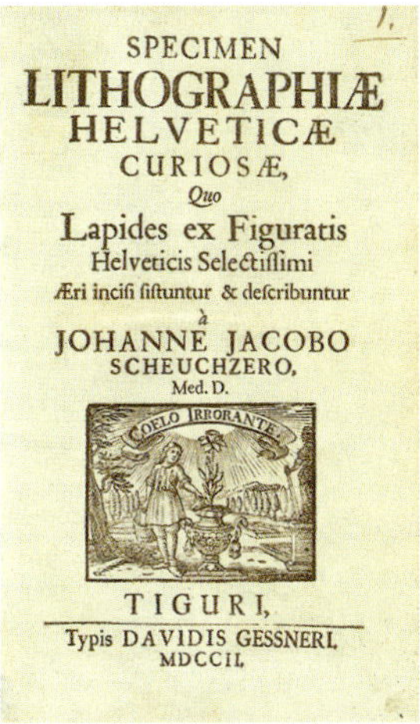
SPECIMEN
LITHOGRAPHIÆ
HELVETICÆ
CURIOSÆ,
Quo
Lapides ex Figuratis
Helveticis Selectissimi
Æri incisi sistuntur & describuntur
à
JOHANNE JACOBO
SCHEUCHZERO,
Med. D.
TIGURI,
Typis DAVIDIS GESSNERI,
MDCCII.

2 **Titelblatt von Johann Jacob Scheuchzers «Specimen Lithographiae Helveticae Curiosae» (1702).**

1 **Johann Jacob Scheuchzer (1672–1733). Kupferstich von Jos. Nutting, nach Vorlage von Melchior Füssli. Frontispitz in Scheuchzers «Itinera Alpina Tria» (1708).**

[1] Schuh: altes Längenmass, 25–34 cm, entspricht dem Fuss.

3+4 **Textseiten 108 und 113 aus Johann Jacob Scheuchzers «Beschreibung der Naturgeschichten des Schweizerlandes» (1706).**

(108)

seyē/weiln sie entweder zerstossen/oder wegen ihrer leichte oben auf komen seyn.

Fig.70. Stellet sich ein unfehlbarer Zeug des Sündflusses/eine kleine düñ stachlichte Austern Muschel / Conchula fossilis echinata, Limnostrita, nicht ungleich der so genanten Conchæ Histricinæ, oder Igelmuschel/ welche beschreibet Boccone in seinen Recherch. Natur. p. 304. Es ist dises Müschelein iu allen seinen Stücken so ganz/ daß jedermañ bey erster ansicht merken kan/ daß es nicht in der Erden gestaltet worden/ sondern das Meer vor ihre Zeugmuter erkennet. Es findet sich auf dem Randenberg Schaffhauser-Gebiets/dessen gebildete Steine sonst überall/wie oben gesagt worden/überein kommen mit denen auf dem Lägerberg.

Auf dem hohen Gebirg Camor, Gamor, Gimmor, welches denen Appenzelleren / und Rheinthaleren die fruchtbarsten Weiden gibt / ist eine Crypta, oder hole Kruft/ deren eingang so eng/ daß man fast hinein muß kriechen/ die iñwendige gestalt aber bald 10.20. bald nur 3.4. Schuh hoch/ etwañ 15. etwan aber nur 4.5. Schuhe breit. Mit allem angewendten fleiß ist Hr. J.H.F. hochverdienter Pfarrer und Decanus zu Altstetten hinein kommen über die 144. Schuhe/ und hat darinn wargenomen/ das entspringe ein klares Brunnenwasser/ welches unten an dem Berg außfliesset / und denen anwohnenden Rheinthaleren zu einem Heil-Bad dienet : das auch in diser Berghöle sich finde eine besondere art Stein/welche in Fig.71 und 73. gegenwertigen Kupferblatts vorgebildet wird ; Deren Beschreibung verspare bis auf nächst folgendes Blatt/und dißmal allein beybringe die verschiedene Namen / mit welchen diser Stein genennet wird. Gemeinlich heisset er Selenites rhomboidalis, ein Rautenförmiges Frauen-Eiß/als bey Stenone Prodr. Diss. de Solido intra Solidum p.79. Plot. Hist. Nat. Stafford. p. 176. Luid. Lithoph. Britt. n. 76. Rhombites, ein Stein/ dessen gestalt rautenförmig / oder verschrenkt würflicht/bey Agricola Lib. V. de Nat. Fossil. Crystallus Jslandica, eine art Cristall auß Island/ bey Erasmo Bartholino, und Christiano Hugenio, welche von ihme besondere Mathematische Tractätlein geschrieben. Cristallo Jslandico, o Talco Rhomboidale in Boccone Museo di Piante p. 159. In der Englischen Königlichen Gesellschaft Naturalien-Kañer stehet er unter folgenden Nahmen. A Rhomb of Muscovy Glass : A Foliated Talk: A great Crystalline Talk-Spar ; A Rhombick Lead. Spar. Grevv. Mus. Soc. Reg. p. 308. 309. 310. welche Wörter alle bedeuten ein Rautenförmiges Moscovitisches Glaß/ Talck/ oder Frauen-Eis. Ich halte darvor/daß nebst bisher erzehlten Nahmen ihme auch mit recht köñe zugeleget werden der Plinianische Nahme Androdamas, dann also schreibet diser grosse Naturkündiger Lib. XXXVII. cap. 10. Androdamas Argenti nitorem habet, ut Adamas, quadrata, semperque tessellis similis. Welches also verteutsche! Hat einen Silberglanz/ gleich dem Diamant/und ist allezeit würflicht.

Das Kupfer kostet 1. ß.

N. 29.) (113) 26. Aug. 1705.

Seltsamer Naturgeschichten Des Schweizer-Lands Wochentliche Erzehlung.

Fortsezung von denen im Schweizerland befindlichen überbleibselen der Sündfluth.

DIser Selenites rhomboidalis, oder rautenförmiger Crystall/ findet sich zwar hin und wider in denen Schweizerischen Gebirgen / aber nirgends so schön/ und follkommen/als in obbeschriebener Höle des Appenzeller- und Rheinthalerischen Gebirgs Gamor. An anderen Orten ist er mehrentheils undurchsichtig/und unrein/hier aber findet man ihne hell/ lauter/wie den reinesten Crystall ; Etwan zwar wird die durchsichtige lauterkeit verfinsteret durch schwarze striche/welche aber nicht nur nit dem Stein seine schönheit benemmen / sondern ihme noch einen besonderen glantz mittheilen/ dene andere dergleichen Steine in anderen Länderen nicht besitzen. Es gehen dise schwarzen Aderen eckweise fort/und stellen nicht ohnfein vor die Lauffgräben/welche vor denen Vestungen angelegt werden zu bedeckung deren/welche gegen dem Platz approchieren ; wie zusehen in Fig. 71. vorgehender Tafel. Etwan ist die gestalt und zusamenfügung gleich einem Giebel/wie in Fig. 72. Etwan steiget auß dem grund eines sonst hell-lauteren Steins auf ein weisses Wölklein/wie in Fig. 73. Etwan sihet man in mitten des Steins vil kleine Luftbläslein/wie in Fig. 73. * Von farben habe noch keinen andern unterscheid gesehen bey unserm Appenzellerischen Stein/ aussert weiß/ durchsichtig ohne farben / und durchscheinend mit schwarzen Aderen. Anderstwoher habe bekomen eine gelbe/und rohte gattung. Es gehöret diser Stein mit vorderstem recht unter die so genanten Lapides Figuratos, oder gebildete Steine/dann er nicht nur in ganzen / und grösseren Stucken vorstellet einen rhombum, oder rhomboidem, ein rautenförmiges corpus, sondern es sind von diser gestalt auch die kleinsten stüklein/ welche auch under das vergrösserung-glaß müssen gesetzet werden. Wann aber gefraget wird von zeug- oder gestaltung dises Steins / so findet man hiervon bey denen

Na-

5+6 **Kupferradierungen «Tab. X.» und «Tab. XI.», aus Johann Jacob Scheuchzers «Natur-Geschichte des Schweitzerlandes» (1746). Die Abbildungen 71, 72, 73, und 73* zeigen Calcite der Kristallhöhle.**

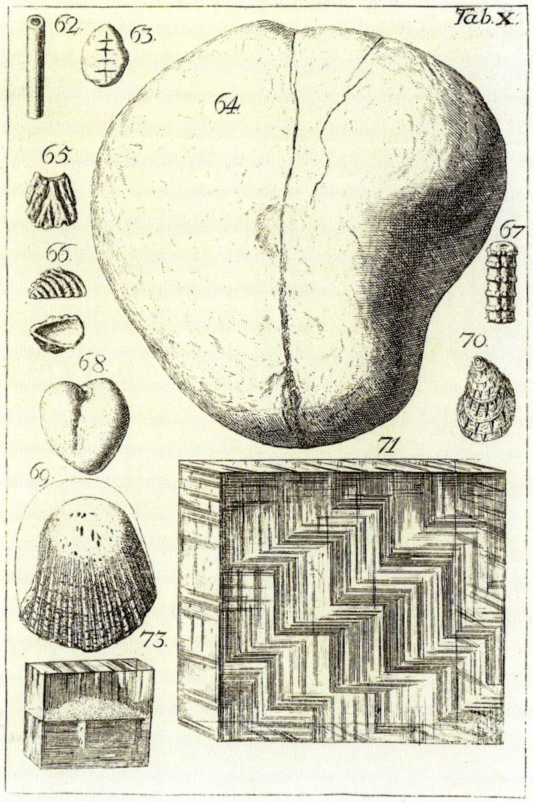

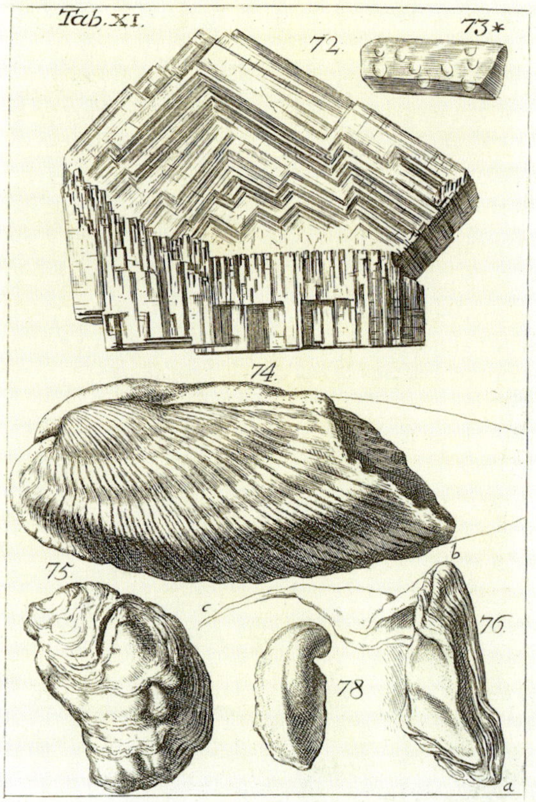

zu einem Heil=Bad dienet: das auch in diser Berghöle sich finde eine besondere art Stein» (...) «Gemeinlich heisset er Selenites rhomboidalis» (...) «Hat einen Silberglanz / gleich dem Diamant / und ist allezeit würflicht.
*Dieser Selenites rhomboidalis, oder rautenförmiger Crystall findet sich zwar hin und wider in denen Schweizerischen Gebirgen / aber nirgends so schön / und vollkommen / als in obbeschriebener Höle des Appenzeller= und Rheinthalerischen Gebirgs Gamor. An anderen Orten ist er mehrentheils undurchsichtig / und unrein / hier aber findet man ihne hell / lauter / wie den reinesten Crystall; Etwan zwar wird die durchsichtige lauterkeit verfinsteret durch schwarze striche / welche aber nicht nur mit dem Stein seine schönheit benemmen / sondern ihme noch einen besonderen glantz mittheilen / dene andere dergleichen Steine in anderen Länderen nicht besitzen. Es gehen dise schwarzen Aderen eckweise fort» (...) «wie zusehen in Fig. 71 vorgehender Tafel. Etwan ist die gestalt und zusamenfügung gleich einem Giebel / wie in Fig.72. Etwan steiget aus dem grund eines sonst hell=lauteren Steins auf ein weisses Wölklein / wie in Fig. 73. Etwan sihet man in mitten des Steins vil kleine Luftbläslein / wie in Fig 73**
Von farben habt noch keinen andern unterscheid gesehen bey unserm Appenzellerischen Stein / aussert weiss / durchsichtig ohne farben / und durchscheinend mit schwarzen Aderen. Anderstwoher habe bekommen eine gelbe / und rohte gattung. Es gehöret diser Stein mit vorderstem recht unter die so genanten Lapides Figuratos, oder gebildete Steine / dann er nicht nur in ganzen / und grösseren Stucken vorstellet einen rhombum, oder rhomboidem, ein rautenförmiges corpus, sondern es sind von diser gestalt auch die kleinsten stüklein / welche auch under das vergrösserung=glas müssen gesetzet werden.
Wann aber gefraget wird von zeug oder gestaltung dises Steins / so findet man hiervon bey denen Naturforscheren nichts / welches ein wissensbegieriges gemüth benügen kan.»

Abraham Ruchat gibt in «Les Délices de la Suisse» (1714) wie auch in seinen beiden späteren Werken «L'Etat et les délices de la Suisse» (1730 sowie

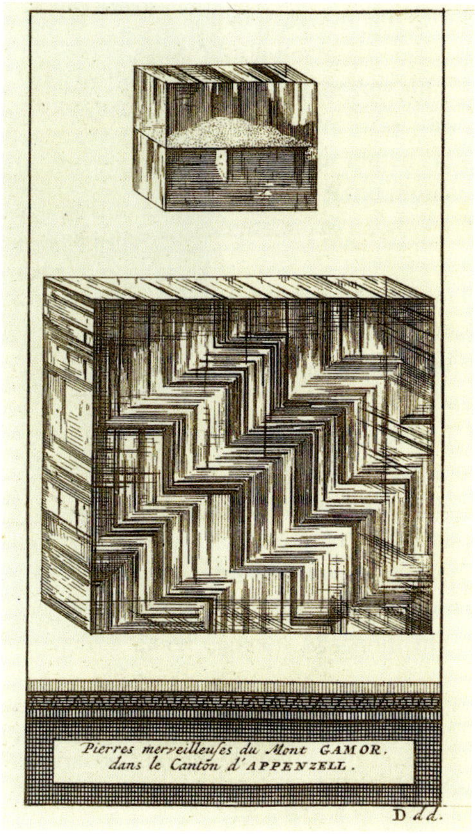

7 **Kupferradierung aus Abraham Ruchats «Les Délices de la Suisse» (1714).**

10 **Ausschnitt aus dem Atlasblatt von Gabriel Walser «Canton Appenzell sive Pagus Helvetiae Abbatiscellanus cum Confinibus recenter delinatus per Gabriel Walserum, V.D.M. edentibus Homannis Heredibus, Norembergae, 1768. C.P.S.C.M.» (ganzes Blatt 55,1 x 45,1 cm, Massstab ca. 1:90 000. Kupferradierung). Die Kristallhöhle Kobelwald ist als «Chrystall Höle» eingetragen (aus** *Altherr,* **1994).**

Titel «Von der berühmten Crystallhöle im Rheinthal am Fuss des Berges Camor». Walser hat hier einiges, teilweise auch von ihm in der Chronik von 1740 falsch oder unklar Geschriebenes korrigiert, schreibt er hier doch:

«Da von dieser Crystallhöle vieles ohne Grund geschrieben worden, so will ich aus eigener Erfahrung Nachricht mittheilen:
Die Höhle liegt nicht im Appenzellerland, wie einige schreiben, sondern im Rheinthal anderthalb Stunden ob der Stadt Altstätten, gegen Mittag ob dem Kobelwies=Bad. Von da steiget man eine kleine Viertelstunde den Berg hinauf; die Höhle liegt an einem Felsen, und man kann obenher durch den Wald bequem zum Eingang der Höle kommen; denn einige scheuen sich steil hinauf neben dem Wasser zu gehen, und obenher über den Felsen ob dem Wasser zu treten. Jst man nun bey dem Eingang, so kriecht man 20. bis 30. Schritt rüklings, oder auf dem Bauche hinab in eine Höhle, die einer Capelle gleichet, bey welcher das Badwasser mit starkem Schwefelgeruch vorbey fliesset. Aus dieser gehet man etwas aufwärts in die 2te Höhle, in welcher das Wasser linker Hand, durch eine Kluft vorbey rauschet. Geht man weiter, so verliert sich das Wasser, und man kommt in die dritte gröste Höhle, die 186. Schuh lang, 20. breit, und 10. bis 14. Schuh hoch; aber so finster ist, dass auch ein helles Wachslicht keinen rechten Schein von sich giebt.
Singen 2. oder drey Personen zusammen in dieser Höhle, so giebt es einen so starken Thon, als wenn ein ganzer Chor beysammen wäre.

in den Schweitzer-Alpen. 493

Von der berühmten Crystallhöle im Rheinthal am Fuß des Berges Camor.

Da von dieser Crystallhöle vieles ohne Grund geschrieben worden, so will ich aus eigener Erfahrung Nachricht mittheilen:

Die Höhle liegt nicht im Appenzellerland, wie einige schreiben, sondern im Rheinthal anderthalb Stunden ob der Stadt Altstätten, gegen Mittag ob dem Kobelwies-Bad. Von da steiget man eine kleine Viertelstunde den Berg hinauf; die Höhle liegt an einem Felsen, und man kann obenher durch den Wald bequem zum Eingang der Höle kommen; denn einige scheuen sich steil hinauf neben dem Wasser zu gehen, und obenher über den Felsen ob dem Wasser zu treten. Ist man nun bey dem Eingang, so kriecht man 20. bis 30. Schritt rüklings, oder auf dem Bauche hinab in eine Höhle, die einer Capelle gleichet, bey welcher das Badwasser mit starkem Schwefelgeruch vorbey fliesset. Aus dieser gehet man etwas aufwärts in die 2te Höhle, in welcher das Wasser linker Hand, durch eine Kluft vorbey rauschet. Geht man weiter, so verliert sich das Wasser, und man kömmt in die dritte gröste Höhle, die 186. Schuh lang, 20. breit, und 10. bis 14. Schuh hoch; aber so finster ist, daß auch ein helles Wachslicht keinen rechten Schein von sich giebt.

Singen 2. oder drey Personen zusammen in dieser Höhle, so giebt es einen so starken Thon, als wenn ein ganzes Chor beysammen wäre.

Jn dieser ganzen Höle sind oben, unten und auf beyden Seiten lauter Crystalle, aber kein gemeiner Crystall, sondern er heißt *Crystallus Islandica*, Spiegelspat, *Spatum compactum pellucidum*. Er hat mit dem andern Crystall nichts gemein, als die Durchsichtigkeit, und ist nicht so hart.

Wenn

494 Von den Merkwurdigkeiten

Wenn man ihn von einander schlägt, so wird er allezeit in einen *Rhombum*, d. i. eine ablang gevierte Figur zerfallen, und so klein die Stüke immer sind, so wird man durch ein Microscopium sehen, daß sie allezeit die gevierte Figur behalten. Der Fels ist so groß und besteht aus lauter Crystallen, daß man viele tausend Centner wegführen könnte. Beym Eintritt in die erste und andere Höhle, sind die Steine alle mit Lett überzogen, und man findet keine recht lautere, sondern gelblichte, graue, schwarzgestreimte Crystalle; aber zu allerhinterst, da oben noch eine kleine Höhle ist, findet man noch die allerschönsten lautern Crystallen. Ich habe ein Stük Hrn. *D.* Erhardt ehedem auf Memmingen gesendet: Er behauptete, daß man eine köstliche Medicin daraus präparieren könne. Hr. *D.* Scheuchzer hat diesen Stein in seiner Natur-Geschichten im Kupfer.

§. 29.

Von Mineralien und Metallen.

Mineralien heißt man in eigentlichem Verstand diejenige Foßilien, welche sich nicht hämmern, oder in Faden ziehen lassen, nemlich die halb-Metalle, Schwefel, Salz, Erden, Steine, wie solche den Metallen entgegen gesezt, und heut zu Tage in den Bergwerken genennt werden. Als da sind:

Metallica. Halb Metalle.

Antimonium, *Cobaltum & Bisemuthum*, *Zincum.*

Sulphura, Schwefel.

Minium, Cinnabaris, *Mercurius*, *Arsenicum nativum*, *Album*, *Flavum*, *Sulphur nativum ejusque Pyrites.*

Salia.

Simplicia salsa. Sal fossile.

Metallica

11+12 **Textseiten 493 und 494 aus Gabriel Walsers «Kurz gefasste Schweitzer=Geographie. Samt den Merkwürdigkeiten in den Alpen und hohen Bergen» (1770).**

Jn dieser ganzen Höle sind oben, unten und auf beyden Seiten lauter Crystalle, aber kein gemeiner Crystall, sondern er heisst Crystallus Islandica, Spiegelspat, Spatum compactum pellucidum. Er hat mit dem andern Crystall nichts gemein, als die Durchsichtigkeit, und ist nicht so hart.
Wenn man ihn von einander schlägt, so wird er allezeit in einen Rhombum, d. i. eine ablang gevierte Figur zerfallen, und so klein die Stüke immer sind, so wird man durch ein Microscopium sehen, dass sie allezeit die gevierte Figur behalten. Der Fels ist so gross, und besteht aus lauter Crystallen, dass man viele tausend Centner wegführen könnte. Beym Eintritt in die erste und andere Höhle, sind die Steine alle mit Lett überzogen, und man findet keine recht lautere, sondern gelblichte, graue, schwarzgestreimte Crystalle; aber zu allerhinterst, da oben noch eine kleine Höhle ist, findet man noch die allerschönsten lautern Crystallen.»

2.3. Mineralfundstellen-Verzeichnisse des 18. und 19. Jahrhunderts

Bereits auf der ältesten mineralogischen Karte der Schweiz ist die Kristallhöhle Kobelwald als Mineralfundstelle aufgeführt. Die vom französischen Geografen Philippe Buache gezeichnete «CARTE MINERALOGIQUE DE LA SUISSE» stammt aus dem Jahre 1752. Auf dieser ist zwischen den Bergen «M. Gimor» und «M. Fachneren» (Kamor respektive Fäneren) ein Vorkommen von «Kalkspat» eingetragen, bei welchem es sich eindeutig um die Kristallhöhle handelt.

Die Karte ist dem Text von *Jean-Etienne Guettard* «Mémoire dans lequel on compare le Canada à la Suisse, par rapport à ses minéraux, seconde partie, Description des Minéraux de la Suisse» (1756, Tafel nach S. 360) beigefügt. In *Furrer und Leu* (1998, S. 62–63) wird die gesamte Karte wiedergegeben.

Gottlieb Sigmund Gruner verwendet in seinen Werken «Die Eisgebirge des Schweizerlandes» (1760), «Histoire naturelle des glacieres de Suisses» (1770) sowie «Versuch eines Verzeichnisses der Mineralien des Schweizerlandes» (1775) betreffend der Kristallhöhle Kobelwald die Angaben von Gabriel Walser. Es dürfte sich bei der letztgenannten Arbeit um das erste eigentliche Verzeichnis von Mineralien und von Mineralfundstellen der Schweiz handeln.

Auch *Johann Conrad Faesi* stützt sich in «Genaue und vollständige Staats- und Erdbeschreibung der ganzen Helvetischen Eidgenossschaft» (1766) auf Walsers Angaben.

Christoph Bernoulli erwähnt die Kristallhöhle von Kobelwald in «Geognostische Uebersicht der Schweiz nebst einem systematischen Verzeichnisse aller in diesem Lande vorkommenden Mineralkörper und deren Fundörter» (1811) als Höhle «auf der Südseite des untern Kamor bei Kobelwies (voll herrlicher Kalkspathkristalle) in der Sentiskette.»

In «Appenzellisches Monatsblatt» (1825, Nr. 3) gibt der Arzt, Gelehrte und Sammler *Johann Georg Schläpfer* aus Trogen eine Beschreibung der Kristallhöhle. Er bemerkt, dass sich etwa 20 Schritte vom Eingang entfernt eine erste Höhle befindet, «deren Wände aus einem hellen, fast durchsichtigen, glänzenden Rhomboidal=Kalkspath bestehen, welcher 3 bis 4 Schuh dick derb auf dem Kalkstein aufsitzt und mit einer mergelartigen, gelbbraunen Rinde überzogen ist.»

13 **Bildausschnitt aus der ältesten mineralogischen Karte der Schweiz von Philippe Buache «CARTE MINERALOGIQUE DE LA SUISSE par Philippe Buache pour servir aux recherches et pour un Memoire de Mr Guettard en 1752». Die Kristallhöhle ist mit der Signatur «S.P» für «Spath» (Calcit wird auch Kalkspat genannt) eingetragen.**

2.4.

Emil Bächler, Erforscher der Naturgeschichte des Säntisgebirges

In der Zeit um 1900 war Emil Bächler zweifellos der bedeutendste unter den Erforschern der Mineralien des Alpsteins. Er war ab 1897 teilzeitlich als Assistent und ab 1902 vollamtlich als Konservator am Naturmuseum St. Gallen tätig. Die Naturgeschichte des Säntisgebirges bildete zu jener Zeit den Mittelpunkt seiner Forschungen. Dementsprechend beschäftigte sich Bächler auch im Bereich der Mineralogie besonders mit dem Alpstein. Emil Bächler untersuchte verschiedene alte und neue Mineralfundstellen des Säntisgebietes, darunter auch die Kristallhöhle Kobelwald.

Emil Bächler konnte sich bei seiner Sammeltätigkeit auf die tatkräftige Mithilfe von Otto Köberle (1867–1926) stützen, welcher in den Sommermonaten jeweils vorwiegend mit dem Suchen und Sammeln von Mineralien, Gesteinen und Versteinerungen beschäftigt war. Sowohl in der Sammlung des Naturmuseums St. Gallen wie auch in der naturkundlichen Sammlung der Kantonsschule Trogen befinden sich viele Mineral- und Gesteinsproben des Alpsteins und Umgebung, welche bei Otto Köberle bezogen wurden. Auf den Etiketten verschiedener Exponate sind dort die Initialen «O.K.» sowie der Verkaufspreis aufgeführt. Köberle hatte demnach eine Auswahl von Belegstücken aus dem Alpsteingebiet in seinem Angebot und dürfte sein Einkommen mindestens teilweise mit seiner Sammeltätigkeit bestritten haben.

In der Sammlung des Naturmuseums St. Gallen befinden sich mehrere grosse, wohl von Otto Köberle gesammelte Calcitstufen aus der Kristallhöhle

14 **Emil Bächler (1868–1950).**

15 **Links im Bild Emil Bächler, mit einer Fluoritstufe aus der Dürrschrennenhöhle in der Hand, in der Mitte Otto Köberle, rechts Franz Dörig, der damalige Wirt des Berggasthauses Äscher.**

Kobelwald. *Bächler E.* (1904) schreibt über die Kristallhöhle Kobelwald:

«Dieselbe ist seit zwei Jahren von unserm tüchtigen und findigen Mineraliensammler, Herrn Otto Köberle in St. Gallen, gründlich durchsucht worden. Wir hatten Gelegenheit, ihn bei seinen äusserst sorgfältigen Arbeiten persönlich zu begleiten, indem wir zu wissenschaftlichen Untersuchungen und Messungen einen vollen Tag in den betreffenden unterirdischen Räumen weilten. Die in

unserm Museum längst vorhandenen Belegstücke waren bis dato alle nur Schlagformen, durch den Hammer erzeugt. Nun sind wir aber im Besitze einer Unmenge von echten Krystallformen mit idealen Rhomboedern und deren Kombinationen, wie sie zum Teil mit Bezug auf die Grösse der Flächen neu für die Schweiz gelten müssen.»

2.5. Entdeckung weiterer Höhlenteile

Ursprünglich waren nur die ersten rund 60 m des Höhlengangs zugänglich. Wie es zur Erschliessung weiterer Teile der Höhle kam, schildert *Gyr* (1934): Der Fotograf Max Burkhardt aus Arbon beabsichtigte, die Kristallhöhle bildlich festzuhalten. Dabei wurde mit Bedauern festgestellt, dass diese scheinbar ausgeplündert war. Als Jakob Gyr, Naturheilarzt in Gais, unter den fussdicken Lehmschichten genauer Nachschau hielt, kamen noch grössere «Calcitdrusen» zum Vorschein, von denen eine 25 m² gross war. Mit dem Einverständnis des Gemeinderates der Gemeinde Oberriet wurde die Höhle in der Folge besser zugänglich gemacht. Ebenso wurden die vorhandenen «Kristalldrusen» gereinigt.

Bei jener Gelegenheit erzählte diesem ein alter Jäger von Kobelwald, er sei vor ca. 65 Jahren einmal durch eine sehr enge Spalte am vermeintlichen Höhlenende in einen noch weiter in den Chienberg hineinführenden Gang gelangt, wo der Bach zu einem ca. 60 m langen See gestaut gewesen sei. Diese Spalte wurde schon von *Walser* (1740) erwähnt und wird heute Walserspalte genannt. Anfang Oktober 1934 wurde nun auf Veranlassung von Jakob Gyr mit Erfolg versucht, den Höhlenbach hinter dieser Spalte weiterzuverfolgen.

Man sprengte dazu im Bereich der heutigen Linkskurve, welche kurz nach der Verzweigung zur Calcitkluft vorzufinden ist, einen 3 m langen Stollen durch die etwa 60 m vom Höhleneingang entfernte westliche Seitenwand und konnte nun gut in den

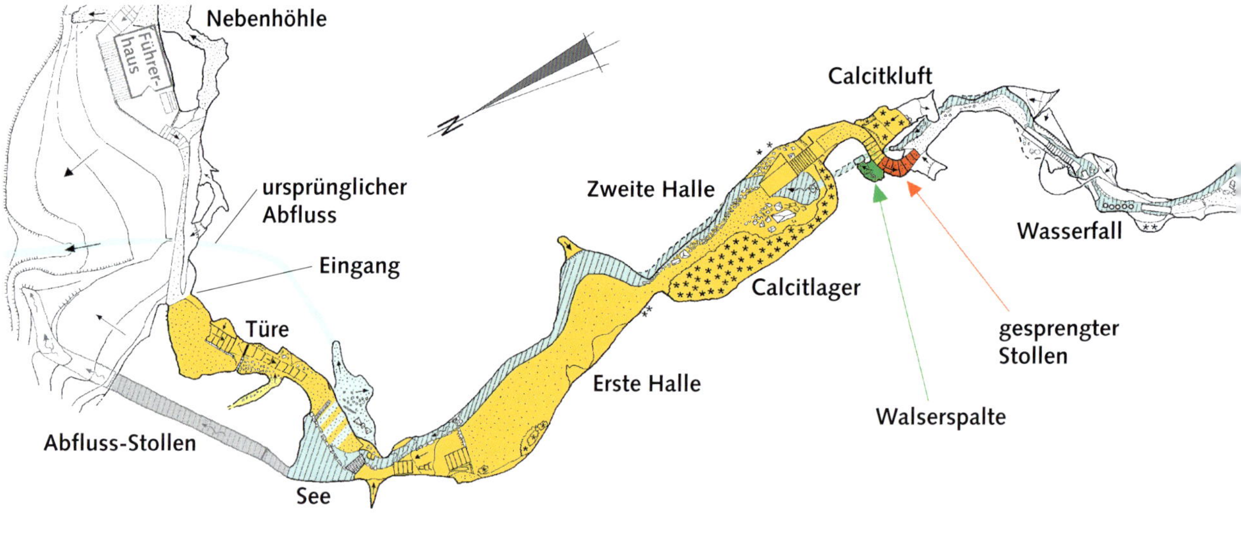

16 **Plan des anfänglich bekannten Teils der Kristallhöhle (gelb) mit der engen Spalte nach hinten (grün) und mit dem in den Felsen gesprengten Stollen (rot).**

17 **«Eingang zur Kristallhöhle b. Kobelwald.» Ansichtskarte mit dem ursprünglichen Höhleneingang, vor der Erweiterung desselben.**

Höhlengang weiter hinten gelangen. Dabei stiess man auf einen etwa 1 m breiten und 2 m hohen Gang, dessen Boden fast überall vom Bach überschwemmt wurde. Am untersten Ende dieses durch die Sprengung neu erschlossenen Höhlenteils verschwindet das Wasser in engen Spalten, durchfliesst einen Siphon und tritt erst im vorderen Höhlenteil, und zwar in der Zweiten Halle, wieder aus. Calcit war im hinteren Höhlenteil nicht so reichlich anzutreffen, doch ein hübscher Wasserfall, interessante Gesteinsgebilde und Sintergebilde machten diesen sehenswert. Aber noch war, wie *Gyr* (1934) festhält, das Hauptziel, die hinterste Grotte, nicht erreicht. Erst neue Sprengungen erlaubten den Erforschern damals, ca. 200 m in die Höhle vorzudringen.

Weiter hinten im Höhlengang mussten noch zwei Stellen, an denen das Felsdach in das Wasser hineinragte, gesprengt werden. Nun war es möglich, den Höhlenbach insgesamt 367 m ins Innere des Chienbergs zu verfolgen und eine Reihe neuer Höhlenräume zu entdecken. Die Erschliessung des vorderen und die Erforschung des hinteren Höhlenteils sind in *Bächler H.* (1937 und 1945) beschrieben.

Steinmann (1935 a) schildert eindrücklich und mit spürbarer Begeisterung die Entdeckung desjenigen Teils der Höhle, der den ersten 200 m des Höhlengangs folgt. Am 23. Dezember 1934 nahmen Jakob Gyr, Hans Steinmann sowie vier weitere Personen an einer Höhlentour teil.

«Als die sechsköpfige Schlange sich etwa 200 Meter durch den Gang gewunden hatte, gebot ein kleiner Teich Halt. Ringsum wölbte sich der Fels ins klare Wasser, ringsherum war kein Loch zu entdecken. Doch wie wir im Teich herumtappten, erblickten wir plötzlich unter einem kleinen Felsvorsprung eine Öffnung, die etwa 5 Zentimeter Raum zwischen Fels und Wasser liess. Diese Kluft reizte unsere Forschernerven erst recht. Unaufhörlich spielten die Lichtkegel unserer Lampen um den ominösen Spalt. Dort musste es weitergehen. Durch Tastversuche gelangten wir zur Überzeugung, dass hinter dem Felsbalken sich wieder eine geräumige Höhle befinden müsse. Rufe ergaben einen deutlichen Widerhall. Kurz, wir hatten keine Ruhe mehr. Sollten wir durchtauchen und so vorstossen? Boden war da, der Kopf konnte über Wasser gehoben werden. Nun es heisst ja immer noch: Frisch gewagt ist halb gewonnen. Ein paar

18 **Tropfsteine im hinteren Höhlenteil.**

Worte der Ermunterung von seiten der Kameraden, ein letztes, tiefes Atemholen, – Taucher – eine – zwei – drei Sekunden vergingen, dann stand ich pustend und prustend in einer neu entdeckten, geräumigen Höhle. Ein lauter Jauchzer verständigte die Zurückgebliebenen über den Erfolg. Dreimal hoben sich triefende Gestalten vor mir aus dem Wasserloch, bei allen zeigte sich dieselbe grosse Freude. Wie weit konnten wir nun erneut vordringen? Immer die gleiche Frage, nur wer sie einmal selbst kennen gelernt hat, weiss, was sie bedeutet.
Hinein in die 4. Höhle. – Im Unterschied zur vorhergehenden ist sie viel leichter zu begehen, meistens ist sie hoch, nur an einer einzigen Stelle ist sie so eng, dass man mühsam durchkriechen muss. Kristalle sieht man hier selten, dafür ist sie in reichem Masse ausgestattet mit Wasserfällen, die einen hoch, die andern in wunderbarer weisser Sinterfärbung. Dann wieder erblicken wir einen Stalagmiten von 50 Zentimeter Höhe. Der Bergsteiger findet seine Kraxelpartien in ausgedehntem Masse. Das Rauschen der Wasserfälle bringt einen eigenartigen Effekt in die Unterwelt. Feinschlickige Lehmlamellen quellen in tausendfacher Fältelung irgendwo aus dem sonst kompakten Gestein. An der Decke hängen ausgedehnte Sintervorhänge in weisslicher und rötlicher Färbung. Dann wieder strebt die Höhlendecke steil in die Höhe. So entstehen unter der Lichtwirkung unserer Elektrischen geisterhafte Schattenwirkungen und vergrössern den Reiz der überwundenen Mühsale. Ständig wechselt auch die Richtung, und eben offenbart uns eine Felsenecke ein herrliches Bild. Oben an

der Decke hängen hunderte von rötlichen und weissen, milchigen, etwa 10–15 Zentimeter langen Stalaktiten. Es ist wirklich sehenswert, was die Natur im Laufe der Jahrtausende geschaffen hat.»

2.6. Ausbau zur Schauhöhle

Ende 1934 sowie in der ersten Hälfte des Jahres 1935 wurden auf den ersten 128 m des Höhlengangs verschiedene Veränderungen vorgenommen, um diesen Bereich auch für Touristen begehbar zu machen. Beim Eingang wurde die Abflussspalte durch einen 20 m langen Stollen (Abb. 16) ersetzt, der auch maximale Wassermengen nach aussen abzuleiten vermag. Bisher war die tiefste Stelle des Höhlengangs bei starkem Zufluss stets überschwemmt worden. Weiter wurden im vorderen Höhlengang enge Stellen erweitert sowie der Bach teilweise in einen ausgesprengten Graben geleitet oder mit eisernen Treppen und Stegen überbrückt. Zudem wurde diese Strecke elektrisch beleuchtet. Am Ende des ausgebauten Teils, nach 128 m, wurde ein eisernes Tor angebracht, welches den uneingeschränkten Zutritt zu den weiter hinten gelegenen Höhlenteilen verwehrt.

19 **Tor am Ende des ausgebauten Höhlenteils.**

Die Ausbauarbeiten dürften im August 1934 begonnen haben und dauerten bis Mitte 1935. Gemäss den Verhandlungsprotokollen des Gemeinderates von Oberriet aus dieser Zeitspanne waren der Schweizerische Burgenverein, Sektion St. Gallen, der Historische Verein St. Gallen sowie Jakob Gyr vom Naturschutzverband in die «Instandstellung» der Kristallhöhle (im Protokoll verwendete Bezeichnung) involviert. Die Firma Schmidheiny & Co. stellte gratis eine Arbeitskraft, die Gemeinde Oberriet auf entsprechende Gesuche hin ebenfalls gratis zunächst einen Arbeiter sowie später weitere vier Arbeitskräfte. Es wurde ein von der Gemeinde Oberriet beglichener Stundenlohn pro Arbeitskraft von 80 Rappen festgelegt. Revierförster Stieger aus Oberriet wurde von der Gemeinde mit der «Überwachung der Ausgrabungs- und Abdeckungsarbeiten» beauftragt. Die Gemeinde hoffte, die Ausgaben durch das Erheben von Eintrittsgeldern decken zu können. Sie liess deshalb beim Justizdepartement des Kantons St. Gallen abklären, wer berechtigt ist, für die Besichtigung der Höhle eine Taxe zu erheben. Gemäss dieser Auskunft war dazu nicht die Gemeinde, sondern die Grundeigentümerin, also die Ortsgemeinde Montlingen, berechtigt. Die im Jahre 1935 neu gegründete Kristallhöhle-Genossenschaft übernahm nachträglich Fr. 2500.– der von der Gemeinde Oberriet total aufgewendeten Fr. 3256.45. Die vier benachbarten Wirtschaften «Schäfle», «Felsenhügel», «Taube» und «Bad» steuerten je Fr. 50.– an die Unkosten bei.

Die Eröffnung der Schauhöhle erfolgte am Sonntag, den 28. Juli 1935. Für Werbezwecke wurde extra ein kleiner, vierseitiger Faltprospekt gedruckt. Die Eintrittspreise betrugen für Erwachsene Fr. 1.–, für Kinder 50 Rp. und für Vereine von mindestens 12 Personen 70 Rp. pro Person. Schulen bezahlten pro Kind 30 Rp. Am Vortag der Eröffnung wird in der Zeitschrift «Der Rheintaler» ein Artikel von *Steinmann* (1935 b) wiedergegeben:

20 **«Kristallhöhle Kobelwald, Oberriet, Rheintal – Kristallschatz behütet durch den Berggeist – 865» Ansichtskarte, um 1935, aus dem Postkarten-Verlag von Max Burkhardt, Arbon.**

«Die elektrisch beleuchtete Höhle zeigt sich nun im Lichte aller Farben, dabei war trotzdem das Bestreben massgebend, der Höhle ihre Ursprünglichkeit nicht zu nehmen. Ist die Höhle an und für sich mit ihren Formen, Erosionen, Gängen und Ausdehnungen interessant, so werden Sie staunen über die ungeahnte Fülle der vorhandenen Kristalle. Ganze Räume sind von solchen Kalkspatformationen erfüllt und ausgekleidet.
Wir dürfen versichern, dass in dieser Hinsicht die Kienberger=Höhle einzig dasteht.
Bis heute wurden 150 Meter[6] erschlossen, erforscht dagegen 400 Meter[7]. Der unerschlossene Teil bietet wieder Tropfsteine, Wasserfälle usw. Unser schönstes Bestreben geht dahin, die Höhle weiter auszubauen und sie allen Naturfreunden unserer engern und weitern Heimat bekannt zu machen. Es ergeht an Sie der freundliche Aufruf: Überzeugen Sie sich und helfen Sie mit!»

Laut Verhandlungsprotokoll des Gemeinderates von Oberriet vom 3. Juni 1935 wurde als erster Höhlenführer «versuchsweise gewählt: Karl Ammann, Jäger, Kobelwald, welcher eine bezügliche Führerschaft bis jetzt schon hin und wieder übernommen habe.»

[6] richtig 128 m.
[7] richtig 367 m.

2.7.
Kontroverse um die Erschliessung

Der Ausbau der Kristallhöhle zur Schauhöhle war nicht unumstritten. So wurden Stimmen laut, welche sich abfällig über das Werk äusserten. Bereits am 3. Januar 1935 stellt sich *Gächter* (1935) in einem Artikel im «St. Galler Tagblatt» gegen eine touristische Nutzung und möchte zumindest den vordersten Höhlenteil frei zugänglich belassen:

«... Dem Gemeinderate von Oberriet aber lege ich als Naturfreund und einstiger Nachbar ans Herz: Lass den vorderen Teil der Höhle für jedermann ohne Eintrittsgeld zugänglich sein, wie er es von jeher war; darin ist nichts zu stehlen und nichts zu verderben. Allen Neulingen scheint sie viel grösser zu sein, als sie in Wirklichkeit ist; ihren Eindruck, den sie auf die Besucher erstmals macht, wischen ein leichter Zugang, elektrische Beleuchtung, Treppen u. dgl. vollständig aus. Den hinteren, neu aufgeschlossenen Teil lasse man verriegelt, um Raub der Kristallbildungen zu verhüten, und öffne ihn Neugierigen und Forschern nur unter Führung und Entschädigung für Zugänglichmachung. Jederzeit aber wendet man sich dagegen, mit der Höhle ein Geldgeschäft zu machen. Fürs erste hat es die grosse Gemeinde Oberriet denn doch nicht nötig, zum Besuche des vorderen Teiles einen Obulus zu erheben und Leute, welche von der Neuenalp herkommen, zu verärgern, wenn sie den Eingang verschlossen und den Wärter nicht finden. Fürs andere wird die ganze Höhle nie eine Sehenswürdigkeit für Fremde, wie es Höllgrotte, Taminaschlucht, Trümmelbachfälle u. a. sind, sodass sich die Anstellung eines ständigen Wärters dort oben niemals rentiert, von den Kosten für Beleuchtung, Instandhaltung usw. ganz abgesehen. Forschern bietet das lange Loch Interessantes, auf das die anderen Besucher nicht achten; aber diese sind in der Minderheit, und es wird der Behörde schwerlich einfallen, sie zu besteuern, zumal sie sich mit eigenem Lichte genügend ausrüsten. Das Ganze ist ohnedies zu klein, um eine Attraktion zu werden. Man schütze die Schönheiten und Merkwürdigkeiten unserer Heimat, aber nicht dadurch, dass man Eintrittsgeld erhebt, wo es gar nicht nötig ist.

Steinmann (1935 a) setzt sich dagegen in den beiden Ausgaben vom 11. und 19. Januar 1935 des «St. Galler Tagblatt» für ein Abschliessen und damit für den Schutz der Höhle ein. Der Staat habe das Verfügungsrecht von Fossilien und Schätzen im Berginnern, während die Gemeinde verpflichtet sei, diese so zu sichern, dass sie erhalten bleiben.

P.S. (1935) drückt in einem am 5. Oktober 1935 erschienenen Zeitungsartikel in «Der Rheintaler» seine Freude über die kurz vorher erfolgte Erschliessung und Eröffnung der Kristallhöhle aus. Er erwähnt dabei die indirekte Rendite des Vorhabens, indem die Höhle neue Freunde ins Tal locke, und hält weiter fest: «Ein weiter Kreis von Naturfreunden wird daher den Initianten und Behörden sehr dankbar sein, weil sie kein Opfer scheuten, dieses einzigartige Naturwunder im Erdinnern des Kienberges der Allgemeinheit besser zugänglich zu machen.»

Saxer (1936) bemerkt zur Frage der Erschliessung der Kristallhöhle, dass diese aus lebhaftem In-

21 «Eingang z. Kristallhöhle Kobelwald b. Oberriet Rheintal – No. 863» Alte Ansichtskarte.

22 **«Drusentempel der Kristallhöhle Kobelwald Oberriet (Rheintal) – No. 868» Alte Ansichtskarte.**

23 **Höhlenforscher in der Kristallhöhle, auf einer Aufnahme aus dem Jahre 1962.**

teresse an der Natur erfolgte. Zudem sei die Höhle nun beaufsichtigt, weshalb der Raubbau an ihren mineralischen Schätzen aufhöre.

2.8. **Spätere Erforschungen**

Nach der Entdeckung und Erkundung der hinteren Höhlenteile interessierte die damaligen Erforscher laut *Steinmann* (1935 a) die Frage der Herkunft des Wassers des Höhlenbaches. «Um Anhaltspunkte zu gewinnen», wurde zunächst das Wasser des Kobelwiser Baches und später dasjenige des Freienbaches gefärbt. Bei beiden Versuchen konnten im Höhlenbach jedoch keine Spuren des verwendeten Farbstoffes Fluorescein nachgewiesen werden.

Jakob Gyr färbte am 16. Oktober 1936 den Abfluss des nahe gelegenen Forstseelis, ohne dabei einen Zusammenhang mit der Kristallhöhle feststellen zu können. Am 24. Oktober 1936 führte er zudem im Gebiete des Chienbergs erfolglos Färbversuche durch. Gleichentags nahm er in der Höhle in «400 m Tiefe» eine Räucherung vor, in der Hoffnung, auf dem Chienberg ein Räuchlein zu entdecken und daraus den Standort der Höhle ableiten zu können. Auch dieser Versuch blieb ohne Erfolg (*Gyr*, Brief an Heinz Bächler, geschrieben am 24. Oktober 1936).

Im Jahre 1975 entdeckten die beiden Brüder Peter und Hansruedi Jüstrich aus Oberriet beinahe zuhinterst in der Höhle den Schlot. Dieser befindet sich kurz vor dem Ende des begehbaren Höhlengangs, unmittelbar vor dem Siphon. In einem Zeitungsartikel mit dem Titel «Unterwegs in der Höhle bei Kobelwald» (*Jüstrich*, 1975) werden die Umstände der Entdeckung des 57 m hohen Schlotes beschrieben:

«Zehn Meter vor dem Siphon fielen mir die Tropfsteine an der Wand auf. Ich kletterte einfach aus Lust die schroffen Felsen hoch. Ein Stück oberhalb des Baches befand sich ein kleines Loch. Durch das Loch geschlüpft, stand ich mitten in einer klei-

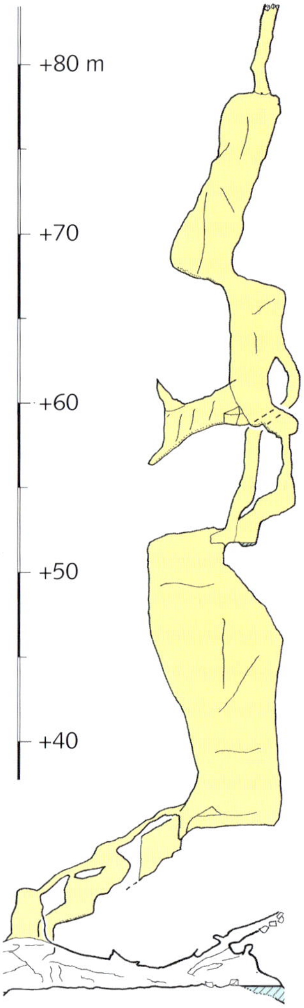

24 **Längsschnitt des Schlotes.**

nen Kammer. Kurz darauf traf auch der herbeigerufene Peter ein. Ein schmaler, schräg aufwärts gerichteter lehmbeschichteter Schlot, der uns bald ein Geheimnis verriet. Ich wurde von Peter auf dem Lehm hinaufgeschoben. So gut es ging, krabbelte ich hoch.
Vor Freude hätte ich jauchzen können. Ein Dom erstreckte sich senkrecht so hoch, dass man dessen Ende mit dem Licht der Stirnlampe nicht sah. Da dieser Dom nur mit Kletterwerkzeug zu bewältigen ist, mussten wir für heute abbrechen. Wie wir später in Erfahrung brachten, war zwar schon jemand bis zum Grunde des Domes gelangt, aber nicht weiter, das heisst also, von jetzt ab betraten wir Niemandsland, und für uns begann das Abenteuer der Erstbegehung.
Die Kletterei begann. Meter um Meter musste mit Seil und Haken im Schweisse des Angesichtes bezwungen werden. Wegen der Höhe nannten wir ihn «Himmelfahrtsdom». Endlich oben angelangt, bemerkte ich erleichtert, dass sich seitlich eine Öffnung befand, die uns in eine kleinere Kammer führte. Von hier an zeigte ein steiler Gang, der mit Lehm überzogen war, aufwärts.
Da man sich mit dem Rücken an der Gegenwand abstützen konnte, gelangten wir ohne Schwierigkeiten, zu unserer Überraschung, wiederum in einen zweiten Dom. Dieser Raum war im Querschnitt um einiges grösser als der erste. (…)
Als Peter nach mühevoller Kletterarbeit dann den Kopf durch die Deckenöffnung des zweiten Domes streckte, traute er seinen Augen kaum. Die Öffnung weitete sich unmittelbar zum dritten Dom, welcher so breit wie der zweite und fast so hoch wie der erste ist. Die Sache wurde langsam unheimlich, denn wer hätte im hinteren Teil der fast 500 m langen Höhle noch solche Räume erwartet. (…)
Es war bereits der vierte Tag, als wir den dritten Dom in Angriff nahmen. Da sich uns ein Felsvorsprung zum Seilwurf anbot, kamen wir rasch voran, zudem war der Dom etwas schräg. Ganz oben tat sich links ein Spalt auf, der aber etwas zu schmal war. Jedoch fast senkrecht nach oben führte eine Kluft, die Peter gerade eben noch durchliess, in der er aber schon Schwierigkeiten hatte, sich richtig zu bewegen. Nach etwa drei Metern kam er an eine Verengung, die uns stoppen liess. Jetzt sind wir am Ende, dachte ich, denn die Öffnung hatte eine Höhe von 20 bis 30 cm, und ich getraute mich nicht mehr weiter, obwohl ich das Gefühl hatte, dass es wieder breiter werden könnte. Wir brachen unsere Bemühungen für diesen Tag ab und ordneten den Rückzug an. Der oberste Punkt der Kristallhöhle befindet sich etwa 60 m fast senkrecht über dem bekannten Endpunkt. Damit geben wir den neu entdeckten Teil zur Vermessung frei.»

Auch in neuerer Zeit konnte in der Höhle ein bisher nicht bekannter Seitengang entdeckt werden. Im Jahre 2002 erkundete Thomas Kühnis, Präsident des Verkehrsvereins Kobelwald und damit Hauptverantwortlicher der Kristallhöhle, im Schauhöhlenteil wenige Meter hinter der Quelle einen Seitengang (Thomasgang). Er kroch in die schmale Öffnung dieses Seitengangs und erweiterte diesen ein wenig. Dadurch gelang es ihm, in einen noch uner-

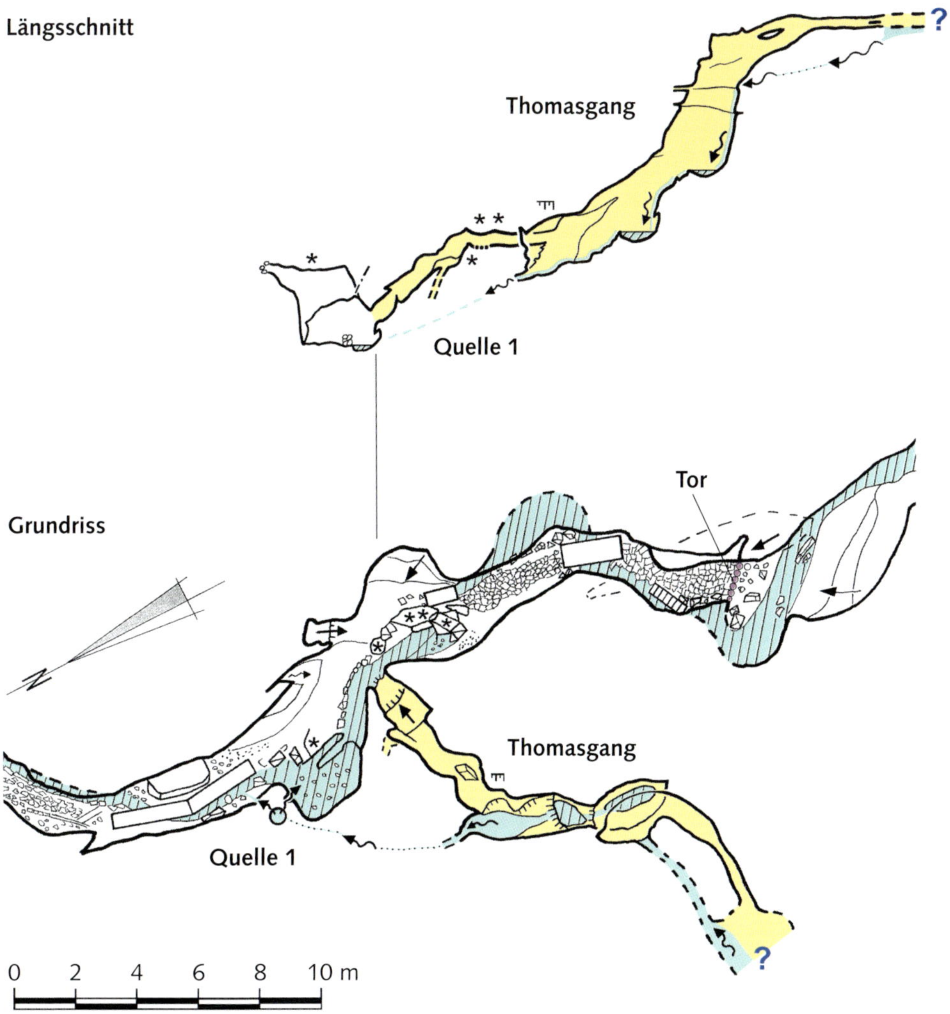

25 **Plan des neu entdeckten Thomasgangs.**

forschten hinteren Bereich dieses Gangs zu kriechen. Bei der genannten Öffnung dürfte es sich um eine frühere Austrittsstelle des im Seitengang fliessenden Wasserlaufes handeln. Das Wasser hat später einen anderen, etwas tiefer gelegenen Abflussweg gefunden. Ein Teil dieses Wassers mündet heute als oben erwähnte Quelle in den Hauptgang der Höhle. Das übrige Wasser fliesst durch eine unauffällige Spalte wenige Meter weiter unten dem Höhlenbach zu. Gegen hinten, über einem Wasserfall, verjüngt sich der Gang in eine schmale, nicht mehr passierbare Spalte. Der Seitengang erhielt, nach seinem Entdecker, den Namen Thomasgang.

26 **Höhlentaucher.**

Was wird die Zukunft an Neuentdeckungen bringen? In den vergangenen gut 300 Jahren dürften die meisten lufterfüllten Gänge entdeckt und erkundet worden sein. Der Höhlengang endet in einem Siphon, einem wassererfüllten Gang, der über die nächsten 30 m mit ähnlichen Dimensionen in 9 m Tiefe führt. Dieser Teil der Fortsetzung der Kristallhöhle wurde schon früh von Höhlentauchern erforscht: 17.1.1968 (laut SGH-Archiv)[8], 4.2.1978 (*Wöllner*, 1990, *Peterer* 1990), 29.7.1989 (laut SGH-Archiv)[9]. In jüngster Zeit wurde die Erkundung des Siphons wieder aufgenommen (*De Gianpietro*, 2001). Wegen der extremen Trübung des Wassers durch aufgewirbelte feinste Sedimente konnte in diesem Höhlengang bisher aber noch nicht weiter vorgestossen werden.

2.9. Höhlensanierungen 1987 und 2001/2002

Im Verlaufe der Jahre entstanden verschiedene Schäden an den Wegen, den Treppen sowie an der Beleuchtung. Deshalb, sowie aus finanziellen Gründen beabsichtigten die Mitglieder der Kristallhöhle-Genossenschaft im Jahre 1984, die Höhle zu schliessen. Darauf beschloss der Verkehrsverein Kobelwald an dessen Hauptversammlung vom 26. April 1984, die Führung der Kristallhöhle, zunächst versuchsweise für ein Jahr, zu übernehmen.

Damit die Höhle weiter betrieben werden konnte, mussten umfassende Sanierungsarbeiten durchgeführt werden. Im Jahre 1987 wurden die Wände und die Decke des Höhlengangs mit einem Hochdruckgerät gereinigt. Diese waren völlig von Russ bedeckt, drangen die ersten Besucher doch ausschliesslich mit Fackeln ins Höhleninnere ein. Anlässlich dieser Reinigung konnten zudem wunderschöne Kristallpartien freigelegt werden. Die schönsten dieser Calcitpartien wurden nun mit Drahtgittern geschützt. Weiter erneuerte man die Beleuchtung sowie die Treppen und Stege. Der Höhlenbach wurde an verschiedenen Stellen tiefer gelegt, damit die Höhle künftig auch bei höherem Wasserstand besucht werden kann. Vor dem Höhleneingang erstellte man eine hölzerne Terrasse sowie für den Höhlenwart eine Hütte. Die Eingangspartie wurde

[8] Höhlenarchiv der Schweizerischen Gesellschaft für Höhlenforschung (SGH).

[9] Die Planskizze von Fredi z'Graggen des Tauchgangs von 1989 wurde in den Höhlenplan integriert.

27 **Vorplatz nach der 2001/2002 erfolgten Sanierung.**

mit einer Mauer gesichert. Zudem wurden neue Hinweistafeln erstellt. Die Gesamtkosten der Sanierung beliefen sich auf Fr. 280 000.–. Davon konnten Fr. 265 000.– durch Beiträge der Politischen Gemeinde Oberriet, des Lotteriefonds des Kantons St. Gallens sowie einer ausgiebigen Sammelaktion zusammengebracht werden.

Im Jahre 1996 wurde ein neuer farbiger Prospekt gedruckt. Ebenfalls wurden neue Wegweiser und Tafeln angebracht.

Eine weitere grosse Sanierung erfolgte in den Jahren 2001/2002. Dabei wurde die Besucherplattform zwischen Führerhaus und Höhleneingang verbreitert sowie der gesamte Vorplatz überdacht. Dadurch konnte die Gefahr des Steinschlags gebannt werden. Weitere getroffene Massnahmen wie Felsanker, auf dem anstehenden Gestein installierte Netze sowie Stützen sollen künftig die Sicherheit der Besucher erhöhen. Zudem wurden die Weganlagen vor der Höhle verbessert. Eine neu erstellte Vitrine ermöglicht nun das Ausstellen von Kostbarkeiten aus der Höhle und bietet Platz für verschiedene Informationen. Ebenso wurde ein neuer Höhlenplan mit verschiedenen Profilzeichnungen montiert. Der Plan basiert auf Vermessungen, welche von der Arbeitsgemeinschaft für Speläologie Regensdorf (AGS-Regensdorf) in den Jahren 1999–2002 durchgeführt wurden.

28 **Erste Halle vor der Sanierung 2001/2002.**

29 **Erste Halle nach dem Abtrag der Bodensedimente. Links der künstlich gestaute See, rechts die freigelegten Boden- und Wandpartien mit den vielen Calcitkristallen.**

30 **Anheben und Verschieben eines grossen, mit vielen prachtvollen Calcitkristallen überwachsenen Gesteinsblockes, welcher in der Ersten Halle anlässlich der Höhlensanierung 2001/2002 geborgen wurde.**

Gleichzeitig wurden auch in der Höhle selbst verschiedene Veränderungen vorgenommen. In der Ersten Halle wurde der Boden durch Abtrag der gesamten Lockersedimente um rund einen Meter abgesenkt. Auf dem anstehenden Höhlenboden wie auch am rechten Wandfuss kamen herrliche Partien mit zahlreichen, wunderschön ausgebildeten Calcitkristallen zum Vorschein. Diese sind hier durchwegs als Rhomboeder auskristallisiert. Im linken Bereich des Bodens dieser Halle befindet sich nun ein künstlich gestauter See, über welchen ein neu erstellter Steg führt.

In der Höhle weiter einwärts, nach der Metalltreppe beim kleinen Siphon der Zweiten Halle, konnte in einem kurzen Seitengang eine eigentliche Calcitkluft freigelegt werden. In dieser befinden sich am Boden, an den Wänden und an der Decke grosse, überaus schöne Calcitkristalle. Weiter wurde die Wegführung an verschiedenen Stellen verbessert.

Die Beleuchtung des ausgebauten Höhlenteils wurde mit Hilfe des slowakischen Höhlenbeleuchtungs-Spezialisten Jan Novomesky, Bratislava, vollständig erneuert. Die Beleuchtung ist seither diskreter, jedoch effektvoller. Den Besucher fasziniert besonders die neue Unterwasser-Beleuchtung. Die installierten Lichtregler erlauben zudem weitere Möglichkeiten der Präsentation der Höhle. Weiter wurden die alten Metallschilder, welche im Schauhöhlenteil angebracht waren, entfernt. In dieser natürlichen Umgebung wurde deren Wirkung teilweise als störend empfunden. Die wenigen Informationen, die sie boten, werden seither von den Höhlenführern, in ausführlicherer Art und Weise, vermittelt.

Mit den Neuerungen dieser Sanierung konnte die Attraktivität der Kristallhöhle Kobelwald erheblich gesteigert werden. Im Frühling 2003 erschien zudem ein neu gestalteter Prospekt, welcher zum Besuch der Höhle einladen soll.

2.10. Die Kristallhöhle in alter Sage

Gächter (1935) schildert eine alte Sage von der Kristallhöhle:

«Ein von Hunden und Jägern verfolgter Fuchs sei der Höhle zu geflohen, habe keinen Ausweg daneben durch die Stauden des Waldes gefunden, sei in der Todesnot trotz heraufdringendem Bachesrauschen durch ihren engen Einstieg in die schwarze Finsternis hinuntergerannt und nach einigen Tagen schneeweiss auf der hinteren Seite des Kienberges – Chebig heisst er bei den Anwohnern von alters her – im Örtlein Freienbach wieder herausgekommen und habe langsam sich dann davongemacht.»

Auch *Steinmann* (1935 a) erzählt von einem entsprechenden Ausgang der Höhle:

«Übrigens ist auf der Südseite über einem alpinen Kieferwald eine weitere Höhle, die Dachsenhöhle. Die Sage und die Bevölkerung erkennen in diesem Loch den Ausgang der Kienberger Kristallhöhle.»

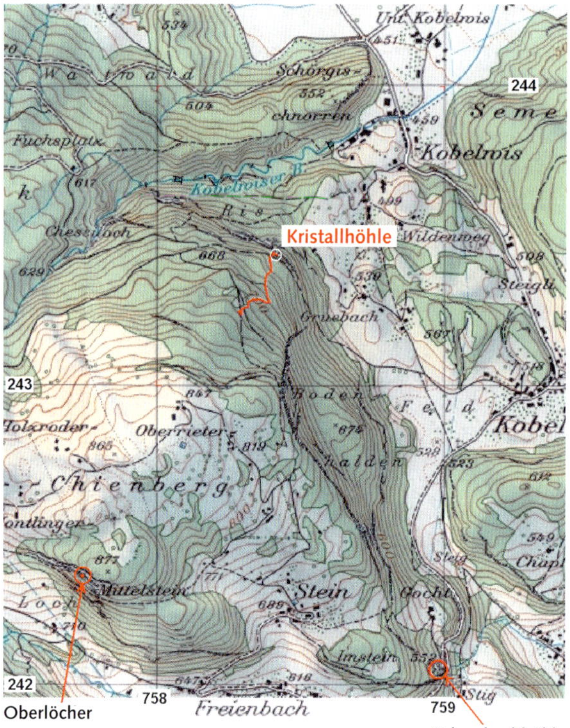

31 **Kartenausschnitt mit den Eintragungen Kristallhöhle sowie Oberlöcher.**

Bei diesem geschilderten Loch dürfte es sich um die grösste von drei Höhlen handeln, welche sich beim Dörfchen Freienbach am Fusse einer Schrattenkalk-Felswand südwestlich Mittelstein befinden. Diese drei stollenartigen, parallel nebeneinander verlaufenden Höhlen werden heute von den Einheimischen Oberlöcher genannt. Sie befinden sich rund 1300 m vom Eingang der Kristallhöhle Kobelwald entfernt. *Stünzi* (1998 b) hat die drei Höhlen eingehend beschrieben. Eine Verbindung der Oberlöcher mit der Kristallhöhle ist nicht bekannt.

2.11. Heilbad Kobelwies

Das Wasser des Höhlenbaches wurde schon früh gefasst und brachte dem Bad Kobelwies einen lebhaften Kurbetrieb. Bereits *Scheuchzer* (1706) schreibt von einem «klaren Brunnenwasser, welches unten an dem Berg ausfliesset und denen anwohnenden Rheinthaleren zu einem Heil=Bad dienet.» *Rüsch* (1826) berichtet vom Bad Kobelwies:

32 **Abfluss des Höhlenbaches.**

«Die Badeanstalt hat ein unbekanntes Alter, besteht aus einem geräumigen, gut gebaueten Bauernhause, das in den Sommermonaten für alle Gäste oft zu klein ist, so dass die dreyssig Betten vollgepfropft werden, und dennoch manche ihr Nachtquartier auf dem Heuboden der nahe gelegenen Stallung aufschlagen müssen. Landleute aus dem Kanton Appenzell verschaffen sich daselbst gern beym Kegelschieben, bey Tanz und Spiel ein Vergnügen, welches ihnen in der Heimath strenge Sittengesetze untersagen; übrigens lebt man hier einfach, jeder nach seiner Art. Die Wirthsleute sind bey ländlichen Sitten gefällig und freundschaftlich. Jm Erdgeschoss des Badehauses befinden sich in verschiedenen Abtheilungen acht und vierzig Wannen.
Die Heilquellen entspringen kalt und klar in den Höhlen des Kamor's, vereinigen sich zu einem Bache, aus welchem das Badewasser geschöpft wird, das nach einiger Zeit einen starken Bodensatz von kohlensaurem Kalk bildet und vielen Tuffstein absetzt. Auf angewandte Reagentien zeigte sich, dass dieser der einzige der fixen Bestandtheile sey, den es besitze.
Wirkungen: Das vorzüglich nur als Bad gebrauchte Wasser wird gegen Gliederschmerzen und Wechselfieber, die in den niedern feuchten Rheingegenden einst endemisch waren, aber jetzt sehr selten sind, empfohlen.»

Einem Bericht zufolge sollen schon in den Jahren um 1840 Kurgäste, begleitet von einem Einheimischen, mit Wachskerzen und alten Kleidern ausgerüstet und auf dem Bauche kriechend, sich in die Höhle gewagt haben (*A–S*, 1978). Nach *Meyer-Ahrens* (1869) hatte die Badeanstalt etwa 18 Zimmer mit 30–40 Betten sowie vier Badezimmer mit 20 Wannen. Kohlensaurer Kalk sei der einzige nennenswerte Bestandteil des Wassers. Die Badewäsche färbe es etwas rot. Weiter erwähnt er: «Wer die Krystallhöhle, in die man auf dem Bauche hineinkriechen muss, besuchen will, empfängt vom Badwirthe die dazu nötigen Kleider.»

Nach *Gsell-Fels* (1880) wird das Wasser hauptsächlich von Landleuten aus dem Rheintal und Appenzellerland zum Baden (selten zum Trinken) benutzt gegen chronische Rheumatismen, rheumatische Lähmungen, chronische Hautkrankheiten und Fussgeschwüre. Die Mineralquelle entspringe aus «einer berühmten und viel besuchten Kalkspathhöhle», sei neu gefasst, fliesse sehr reichlich und habe eine Temperatur von 12 °C.

Um 1890 enthielt das Haus im Erdgeschoss drei Badezimmer mit 20 Wannen, im ersten Stock drei Säle als Speisezimmer und für die Unterhaltung sowie im zweiten Stock vierzehn nette Gästezimmerchen mit 20 Betten. *Zweifel* (1890) erwähnt die geplante Anschaffung von Kachelwannen und von Strahl- sowie Regenduschen.

Das Bad wurde bis um 1971/72 betrieben. Im Parterre des Hauptgebäudes befanden sich vorne eine Kegelbahn und hinter dieser die Bäder. Sowohl die Kegelbahn als auch die Bäder sind heute abgebrochen. Neben dem Heilbad befanden sich ein kleineres Gebäude mit Turm (heute ebenfalls abgebrochen) und neben diesem sowohl ein Pferdestall als auch ein Angestelltenhaus (mit markanten Bögen in Abb. 34).

33 «Bad Kobelwies (Rheintal)» Alte Ansichtskarte, um 1914, aus dem Verlag von H. Dinkelberger, Altstätten.

34 «Gruss aus Bad Kobelwies.» Alte Ansichtskarte vom Bad Kobelwies.

37 **Aufgang zur Ersten Halle.**

38 **Bei Hochwasser kann der Höhlenbach, hier neben dem Aufgang zur Ersten Halle, viel Wasser führen.**

delt es sich um eine mineralische Kalkausscheidung in nur langsam fliessendem oder ruhendem Wasser. Das Wasser des Höhlenbachs fliesst heute der linken Wand entlang in den unteren See.

In der **Ersten Halle** sind der Boden und die rechte Höhlenwand mit vielen rhomboedrisch auskristallisierten Calcitkristallen überzogen. Hier befindet sich eines der beiden grösseren Calcitvorkommen der Kristallhöhle. Anlässlich der letzten Höhlensanierung in den Jahren 2001/2002 war in dieser Halle der Sedimentboden um 1 m abgesenkt worden. Unter den Lockersedimenten kamen herrliche, intakt erhalten gebliebene Calcitpartien zum Vorschein.

Etwas weiter hinten in der Ersten Halle ist auf der rechten Seite eine dicke Lage von Lehm zu erkennen. Es handelt sich dabei um äusserst feinkörnige, eingeschwemmte Sedimente, die hier in nur sehr langsam fliessendem oder stehendem Wasser abgelagert wurden.

39 **Erste Halle.**

40 **Calcitkristalle in der Ersten Halle.**

41 **Calcit-Rhomboeder. Breite 6 cm.**

Auf der anderen Seite des hier gestauten Baches befindet sich eine Sinterkaskade. Sie entstand, indem während längerer Zeit aus langsam fliessendem, stark kalkhaltigem Wasser Calcit in Form von Höhlensinter ausgeschieden wurde.

42 **Sinterkaskade im hinteren Teil der Ersten Halle. Der Sinter ist teilweise dem Calcit aufgelagert.**

Durch eine kurze Gangverengung gelangt der Höhlenbesucher in die **Zweite Halle.** Im vorderen Teil befindet sich ein riesiges Lager von Calcit. Bei den glänzenden Flächen handelt es sich um Spaltflächen, welche beim Abschlagen von Kristallen entstanden sind. Im hinteren Bereich erkennen wir eine alte Calcitabbaustelle. Zur Zeit des ersten Weltkrieges wurde nämlich der Calcit im vorderen Bereich der Kristallhöhle fuderweise abgebaut und anschliessend zu Putzmitteln verarbeitet. Dazu hat man den Calcit ganz fein gemahlen und als Scheuermittel benutzt. Das Abschlagen der Calcitkristalle hatte zur Folge, dass heute ganze Wandpartien nur noch von Calcitspaltstücken, jedoch nicht mehr von unbeschädigten Kristallen bedeckt sind.

43 **Zweite Halle mit Abbaufeld.**

44 **Vom Abbau verschont gebliebene Wandpartie, auf welcher massenhaft Calcitkristalle aufgewachsen sind.**

Auf der rechten Seite der Treppe befindet sich ein **Siphon.** Dabei handelt es sich um einen vollständig mit Wasser gefüllten Gangabschnitt in einem über dem Karstwasserspiegel liegenden Höhlenteil. An der Decke der Zweiten Halle haben sich zahlreiche kleine Sinterröhrchen gebildet.

Wenige Meter nach der metallenen Treppe führt ein aufsteigender Seitengang nach links zur **Calcitkluft.** Bei diesem Hohlraum handelt es sich um eine teilweise mit rhomboedrischen Calcitkristallen gefüllte Spalte. Diese Kristalle kamen bei der Höhlensanierung des Winters 2001/2002 zum Vorschein, als die Sedimentfüllung des Höhlengangs grösstenteils ausgeräumt wurde.

45 **Siphon.**

46 **Calcitkluft.**

47 **Sinterbrücke, zwischen den beiden Wänden des Höhlengangs gespannt.**

Weiter dem Hauptgang der Höhle folgend gelangt man zu einem im Bereich der markanten Linkskurve in das Gestein gesprengten, 3 m langen **künstlichen Stollen.** Durch diesen in den Jahren 1934/1935 errichteten Stollen kann nun der Höhlengang weiter hinten bequem erreicht werden. Früher war die einzige Durchgangsmöglichkeit die nach rechts unten verlaufende äusserst enge **Walserspalte,** welche in der Literatur von *Walser* (1740) erstmals erwähnt wird.

Beim unteren Ende der in das Gestein gehauenen Treppe des künstlichen Stollens befindet sich rechterhand eine **Nebenkluft.** An den Wänden und an der Decke sind viele rhomboedrisch auskristallisierte Calcite gewachsen.

Gleich nach dem **Wasserfall,** der sich etwas weiter hinten im Höhlengang befindet, sind verschiedene Versinterungen zu sehen: Über den Höhlengang spannt sich eine **aus Sinter gebildete Brücke** und auf der linken Wandseite ist eine Sinterkaskade entstanden.

Nach wenigen Metern ist rechts eine **Kluft mit skalenoedrisch auskristallisierten Calciten** zu erkennen. Im gesamten Bereich des bis hierher beschriebenen Höhlenteils kommen die Calcitkristalle in der Form von Rhomboedern vor. In dieser Kluft sind nun die Calcitkristalle als Skalenoeder auskristallisiert.

48 **Blick in eine Kluft mit skalenoedrisch auskristallisiertem Calcit.**

49 **Calcit-Skalenoeder. Länge 9 cm.**

Etwas weiter höhleneinwärts findet sich auf der linken Seite des Höhlengangs am Boden ein **Block mit Wechsellagerungen aus Kies, Sand und Sinter.** Dieser Block zeugt von verschiedenen Fliessbedingungen in diesem Gangabschnitt. Für den Transport der Kiese mussten relativ hohe Fliessgeschwindigkeiten vorherrschen, während sich Sinter nur bei spärlich fliessendem Niedrigwasser bilden konnte.

50 **Am Boden des Höhlengangs Block mit Wechsellagerungen aus Kies, Sand und Sinter.**

51 **Quelle.**

Im untersten Bereich der rechten Höhlenwand, mehrere Meter weiter hinten, mündet eine **Quelle** ein. Manganhaltiges Wasser dürfte zu den schwarzen Verfärbungen am Wandfuss geführt haben.

52 **Calcitkristalle im Thomasgang, welche durch das Wasser angelöst oder geschliffen wurden.**

Schräg gegenüber der Quelle befindet sich auf der linken Seite des Höhlengangs eine **Tropfstelle.** Interessant sind die hier abgelagerten Kieselsteinchen. Neben verschiedenen Arten von Kalkstein treten vereinzelt auch metamorphe, kristalline Komponenten auf, die nicht aus der Schichtabfolge der Säntis-Decke stammen. Es ist vielmehr anzunehmen, dass diese ursprünglich aus eiszeitlichen Ablagerungen des Rheintalgletschers stammen und später durch Ritzen und Spalten in die Höhle eingeschwemmt wurden.

Auf der rechten Bachseite, direkt gegenüber der Tropfstelle, befindet sich auf halber Wandhöhe eine Öffnung. Durch diese kann man in den **Thomasgang** gelangen. In diesem im Jahre 2002 erstmals befahrenen Gang sind ein Wasserfall sowie schöne Sintergebilde zu bestaunen. Interessant sind Wandpartien, denen viele rhomboedrisch auskristallisierte Calcite aufgewachsen sind. An vielen dieser Kristalle ist die Korrosion (chemische Kalkauflösung) gut erkennbar: Bei ihnen erscheint die Oberfläche angeätzt oder angelöst. Andere Calcite wirken infolge der erosiven Wirkung des Wassers (mechanischer Einfluss) wie geschliffen. Ihre Kanten sind abgerundet worden. Auch die Sinterbildungen sind ankorrodiert.

Der Thomasgang führt relativ viel Wasser, von dem nur ein Teil bei der versinterten Quelle in den Höhlenbach fliesst. Das übrige Wasser des Thomasgangs mündet wenige Meter höhlenauswärts aus einer unauffälligen Spalte in den Hauptgang.

53 **Ankorrodierte Tropfsteine im Thomasgang.**

54 **Links Sturzblock mit Tropfstein in der Form einer Eule, am Sturzblock rechts im Bild ist der Bart des «Höhlengeistes» zu erkennen.**

Weiter dem Höhlengang folgend gelangt man zu einer Stelle, wo sich mehrere **Sturzblöcke** befinden, die sich einst von der Decke gelöst haben. Auf diesen Sturzblöcken sind verschiedene Versinterungen entstanden. Ein stehender Tropfstein, ein so genannter Stalagmit, hat die Form einer Eule. Hinter dieser befindet sich eine schräg gelagerte Sinterplatte. Neben der Eule ist ein Tropfstein gewachsen, welcher von der Seite betrachtet die Gestalt eines Höhlengeistes hat.

Etwas weiter höhleneinwärts ist die Wirkung des Wassers auf das Gestein, die mechanische Verwitterung (Erosion), gut zu erkennen: Der mäandrierende Höhlenbach hat sich hier in die rechtsseitige Höhlenwand eingefressen.

Kurz vor dem **Tor,** welches den ausgebauten Teil der Höhle vom in natürlichem Zustand erhalten gebliebenen Teil trennt, verläuft im Gestein ein steiler, 6 m hoher **Bruch.** Auch dieser enthält an verschiedenen Stellen Calcitkristalle, welche hier wiederum als Skalenoeder auskristallisiert sind. An der linken Kluftwand befinden sich, teilweise den Calcitkristallen aufgelagert, schöne Versinterungen.

55 **Spuren in der Felswand, hervorgerufen durch den mäandrierenden Verlauf des Höhlenbaches.**

3.3.
Hinterer Höhlenteil

Beim Gittertor am Ende des Schauhöhlen-Bereichs beginnt der hintere Teil der Höhle. Dieser wurde weitgehend im ursprünglichen, natürlichen Zustand belassen.

Auf den ersten zehn Metern bleiben die Gangdimensionen bescheiden, die Gangsohle wird vollständig vom Höhlenbach eingenommen. Nachher orientiert sich der Gangverlauf an verschiedenen Klüften, sodass dieser eine leichte Zickzack-Form zeichnet. Die Klüfte an der Decke sind teilweise geöffnet. In diesen findet man grössere Calcitkristalle, während im Hauptgang keine mehr zu sehen sind. Vereinzelt trifft man auf Sinterablagerungen, die zum Teil bereits wieder ankorrodiert sind.

Nach einem Richtungswechsel wird der vom Höhlenbach durchflossene Gang sehr schmal und wenige Meter später zudem niedrig. Man kann jedoch nach links ausweichen und die so genannte **Dusche** passieren, eine Stelle, an welcher an der Decke eine Quelle mündet.

Nach der Dusche ist der Gang trocken (fossil) und verläuft 4 m oberhalb des Wasserlaufs (die Bedeutung dieser beiden übereinander liegenden Gänge werden in Kapitel 6.2., Abb. 94 erläutert). Stellenweise erinnern hier die Wände an Nagelfluh; dieser Eindruck stammt von bis faustgrossen Calcitkristallen in der mit Lehm überzogenen Wand. Die nächste Stelle mit grossen Calcitkristallen findet man erst wieder kurz nach der Kletterstelle des Wasserfalls, wo der Höhlengang für wenige Meter einer markanten Kluft mit vielen Calcitkristallen folgt.

Nach 15 m vereint sich der obere Gang wieder mit dem Lauf des Höhlenbachs. Weiter gehts in einem Schichtfugen-Gang, in welchem die Schichten nach rechts ansteigen. Der Gang wird tiefer und man muss sich bücken, um in einem plötzlich halbrunden Profil (möglicherweise eine phreatische Ellipse, welche zur Hälfte mit Steinen gefüllt ist) die **Kurve** zu nehmen. Der Charakter des Höhlengangs ändert in einen immer höher werdenden Mäander, an dessen Decke die Schichtfuge nach links oben führt. Die Richtung der Schichtfuge ist ähnlich wie vor der Kurve, da diese aber sehr markant ist, verläuft der Gang jetzt beinahe in der Gegenrichtung.

Der folgende, mäandrierende Gangabschnitt ist genügend breit und so hoch, dass man den kluftgebundenen Richtungswechseln gemütlich folgen kann. Weiter hinten ist auf Kopfhöhe eine geöffnete Schichtfuge zu sehen, die sehr eng ist und mehrere Meter weit nach links oben zieht.

Bald wird der Gang wieder schmaler und man steht vor der nur wenige Meter langen **Engstelle.** Diese passiert man einen Meter oberhalb des Wasserlaufs in der zuvor erwähnten Schichtfuge. Wer nicht wasserscheu ist, kann dem Bach folgen, wo es ein bisschen weniger eng ist.

56 **Die Bezwingung der Engstelle.**

57 **Schlüsselloch-Profil in den hinteren Höhlenteilen.**

58 **Das Balancieren über ein Wasserbecken am unteren Ende des Wasserfalls.**

Hinter der Engstelle sind die Gänge wieder so hoch, dass sie aufrecht befahren werden können. Der mäandrierende Gangcharakter wird beibehalten, wobei die Windungen nun etwas in die Länge gezogen sind. In einzelnen Windungen haben sich bis zu metertiefe Becken (Kolke) in die Gangsohle gefressen. Hier findet man perfekte Schlüsselloch-Profile, bei denen die phreatische Ellipse und die Schichtfuge, aus welcher sie entstanden sind, gut erkennbar sind (siehe auch Kapitel 6).

Auf Abb. 57 erkennt man im Vordergrund eine gross geschriebene Zahl mit einem fast tellergrossen roten Fleck. Beide stammen von einer früheren, unbekannten Vermessung[10] der Höhle. Auch heutzutage werden die Fixpunkte der Vermessung noch mit roter Farbe markiert, doch haben die Flecken höchstens die Grösse eines Fingernagels, und Zahlen werden nur noch in Ausnahmefällen geschrieben.

Der nun schluchtartige Gang wird immer höher, und das Wasser rauscht – selbst bei niedrigem Wasserstand – immer lauter. Man nähert sich dem **Wasserfall,** einer Serie von drei kurzen Kletterstellen, bei denen ein Höhenunterschied von rund 10 m bezwungen werden muss.

Den Kletterstellen folgt eine der faszinierendsten und interessantesten Stellen der Kristallhöhle. Der Gang weist hier ein schönes Schlüsselloch-Profil auf, wobei die Ellipse leicht schräg liegt und an eine Schichtfuge gebunden ist. Das vadose Gerinne ist relativ schmal eingeschnitten. Die Höhlendecke besteht aus einer Vielzahl von Tropfsteinen verschiedener Formen. Diese sind nicht besonders gross, dennoch bieten sie ein bezauberndes Schauspiel an Formen und Farben (von weiss bis rot).

10 Das Archiv der Schweizerischen Gesellschaft für Höhlenforschung (SGH) hat weder Pläne noch Vermessungsunterlagen aus der Zeit vor der Bearbeitung durch die AGS-Regensdorf.

59 **Roter Tropfstein.**

60 **Tropfstein-Schmuck bei der Abzweigung zum Schlot.**

Auf der Schulter der ursprünglichen Gangellipse liegen feinkörnige Sedimente, die einzelne feine Sinterlagen aufweisen und von einer Sinterplatte bedeckt sind, auf der sich nachträglich kleine Stalagmiten gebildet haben (Abb. 87 in Kapitel 6). Die speläogenetische Bedeutung dieser Stelle wird ausführlich in Kapitel 6.2. behandelt.

Zwei Biegungen später öffnet sich der Gang zu einer kleinen, hohen Halle mit prachtvollem Tropfstein-Schmuck. Auf halber Höhe dieser Halle führt eine enge Röhre nach oben: der Eingang zum **Schlot.** Beim Hinaufklettern kommt aber bald eine Engstelle, die nur ganz schlanken Personen vorbehalten ist. Hat man diese Stelle geschafft, steht man in einer geräumigen Halle, deren Decke sich im Dunklen verliert.

Hier kommt man nur noch mit technischer Kletterei weiter. Nach einem Höhenunterschied von 16 m folgen drei weitere vertikale Schachtstufen! Zuletzt kann noch ein vertikaler Kriechgang erklommen werden, welcher 57 m über dem Hauptgang mit Versturzblöcken verstopft ist. Hier befindet man sich nur noch etwa 10 m unter der Erdoberfläche.

61 **Klettern im Schlot.**

62 **Beim Siphon.**

Folgt man bei der Abzweigung weiterhin dem Bach, so gelangt man zu einem kleinen See, bei welchem die Höhle zu enden scheint. Bei diesem handelt es sich um den **Siphon,** bei welchem der Höhlengang unter dem Wasserspiegel weiter ins Innere des Berges zieht.

Hinter der Felsbarriere des Siphons befinden sich zwei lufterfüllte Hallen; nach diesen fällt der Mäander ab. Zurzeit wurde dieser bis auf 9 m unterhalb der Wasseroberfläche erkundet, 30 m hinter dem Siphontopf. Eine Gruppe von Höhlentauchern der AGS-Regensdorf wird diesen Höhlengang weitererforschen.

63 **Ein Taucher steigt in den Siphon.**

Geologie des Chienbergs

4

4.1. Entstehungsgeschichte

Um die Entstehung der Kristallhöhle und ihre heutige Form zu verstehen, ist es notwendig, die Entstehungsgeschichte sowie die Gesteine[11] und die Struktur des Chienbergs kennen zu lernen.

Die Vorgeschichte von der Entstehung der Erde (vor 5000 Millionen Jahren) bis vor 250 Millionen Jahren sei hier weggelassen. Damals bildeten die heutigen Kontinente einen Grosskontinent (Pangäa) und es gab schon Berge, deren Überreste sich heute in den Zentralmassiven (z. B. Gotthard-Massiv) befinden.

Vor etwa 200 Millionen Jahren begannen der afrikanische und der europäische Kontinent auseinander zu driften[12] und dazwischen bildete sich das Urmittelmeer, die Tethys.

In diesem Meer lagerten sich **Sedimente** ab. Diese entstehen durch die Erosion und Umlagerung von Gesteinen und deren Verwitterungsprodukten sowie durch Ausfällung oder Ausscheidung gelöster Stoffe. Charakteristisch für Sedimente ist die auf Materialwechsel zurückgehende Schichtung. Das Sediment wird dabei von den Bedingungen geprägt, unter denen es abgelagert wird. So werden Sandsteine vorwiegend in küstennahen Bereichen abgelagert, während küstenfern eher tonreiche Gesteine wie Mergel abgelagert werden. Kalksteine können in küstennahen Bereichen entstehen, wo die Bioproduktivität hoch ist (beispielsweise im Korallenriff, welches in der Kreidezeit zur Bildung des Schrattenkalks führte) oder so weit von der Küste entfernt, dass nur untergeordnet terrestrische Tonpartikel abgelagert werden und die Sedimente aus den in der Wassersäule lebenden Foraminiferen (eine Art Plankton) bestehen (z. B. Seewer Kalk).

Während der über 100 Millionen Jahre dauernden Sedimentationszeit verfestigten sich die Sedimente (Diagenese) und wurden zu Gestein. Die Sedimentpakete in diesem Urmittelmeer werden nach den Ablagerungszonen benannt: Am flachen nördlichen Rand befand sich der helvetische, weiter südlich der penninische und am Südrand des Meeres der ostalpine Ablagerungsraum.

Nach den Epochen Trias und Jura (Blütezeit der Dinosaurier) begann während der Kreidezeit vor 100 Millionen Jahren ein Schub von Südosten das Urmittelmeer zusammenzudrücken. Im Verlauf der andauernden Einengung wurden die Sedimente von ihrem ursprünglichen Untergrund abgeschert und als Deckeneinheiten gegen Norden verfrachtet. Flyschgesteine bildeten dabei häufig die Gleitschichten (Abb. 64). Später bewirkte die Stauchung auch eine Hebung der Zentralmassive.

64 **Das Urmittelmeer (Tethys) mit den Sediment-Paketen an Anfang und Ende des Erdmittelalters.**

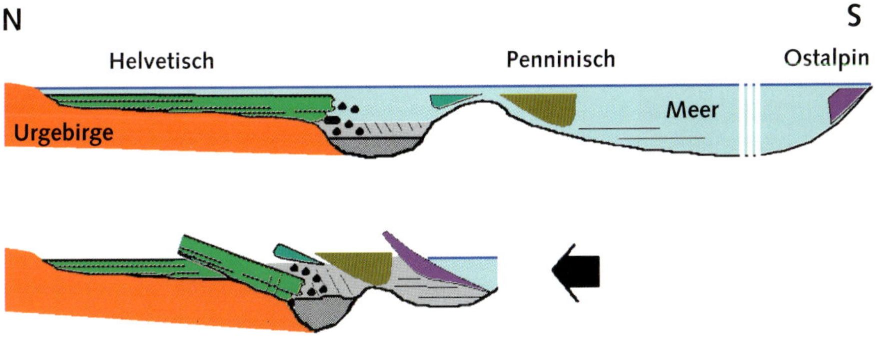

[11] Für eine Einführung in die Geologie des Alpsteins siehe *Heierli* (1987) sowie *Funk et al.* (2000).

[12] Die Kontinente sind Platten, die sich auf dem geschmolzenen Erdinneren bewegen, wie Blätter auf dem Wasser. Die Lehre dieser Bewegungen heisst Plattentektonik.

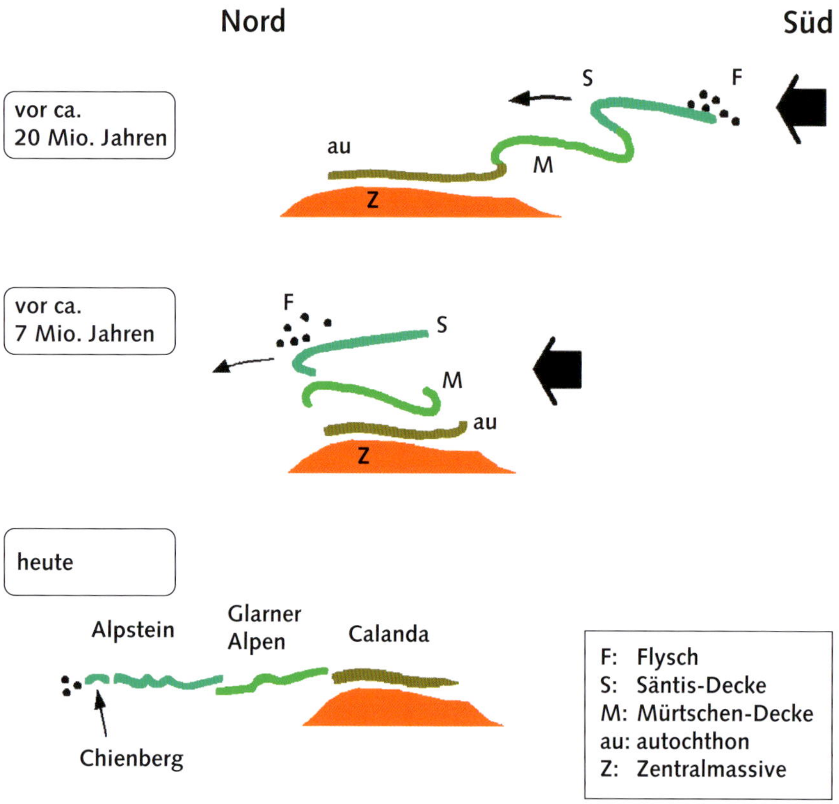

65 **Schematisch dargestellte Überschiebung und Verfaltung der Säntis-Decke.**

66 **Aussicht von der Kristallhöhle in Richtung Altstätten.**

Vor 23 Millionen Jahren erfasste der Schub nach Norden auch die helvetische Decke. Dabei zerbrach diese in verschiedene Teildecken (Mürtschen-Decke, Säntis-Decke etc.) und verfaltete sich. Das sich hebende Gebirge wurde sogleich der Erosion unterworfen (Abb. 65).

Das Vorland der heranwachsenden Alpen senkte sich allmählich ab und bildete ein lang gezogenes Vorlandbecken, das heutige Mittelland. Gleichzeitig setzte die Erosion der heranwachsenden Alpen ein, wobei die penninische und die ostalpine Decke in den nördlichen Kalkalpen der Schweiz fast vollständig abgetragen wurden und deren Erosionsprodukte das mittelländische Becken teilweise auffüllten (mittelländische Molasse). Die Molasse-Ablagerungen entlang des Alpenrandes wurden später im Vorfeld der Front der herannahenden Decken verfaltet und bildeten die subalpine Molasse mit den Nagelfluh-Bergen wie z.B. Kronberg oder Speer. Vom Sitzplatz vor der Kristallhöhle bietet sich ein wunderschöner Ausblick auf die Molassehügel der Region Altstätten.[13]

Vor etwa 7 Millionen Jahren erreichten die helvetischen Schichten den höchsten Punkt der Zentralmassive und begannen, mit einer Geschwindigkeit von einigen Zentimetern pro Jahr nach Nordwesten zu gleiten.

[13] Nur der kleine Hügel «Hoch-Chapf» bei Eichberg gehört noch zur helvetischen Decke (Wangschichten).

Tabelle der für den Chienberg relevanten geologischen Zeiten und Formationen

Geologische Zeiteinheiten			Formationen am Chienberg	Beginn (Mio. Jahre)[1]	Bemerkungen
Känozoikum (Neuzeit)	Quartär	Holozän		0.015	Nacheiszeit
		Pleistozän		1.7	Eiszeiten
	Tertiär	Pliozän		5	
		Miozän		24	Molasse-Zeit
		Oligozän		36	
		Eozän		55	
		Paläozän		66	
Mesozoikum (Erdmittelalter)	Kreide	Obere Kreide	Seewer Kalk		Beginn der alpinen Gebirgsbildung
		Mittlere Kreide[2]	Garschella-Formation[3]	98	
		Untere Kreide	Schrattenkalk		
			Drusberg-Schichten		
			Helv. Kieselkalk		
			Betlis-Kalk		
				140	
	Jura	Malm			Öffnung des Urmittelmeers
		Dogger			
		Lias		210	
	Trias			250	
Paläozoikum (Erdaltertum)					

[1] Die Zeitangaben stammen aus *Labhart* (1995).
[2] Der Begriff «Mittlere Kreide» wird heute kaum noch verwendet; die Garschella-Formation wird heute zur oberen Kreide gezählt.
[3] Die Garschella-Formation wurde früher Helvetischer Gault genannt.

Das **Quartär,** das vor rund zwei Millionen Jahren begann, war die Periode der Eiszeiten, in welcher die Gletscher das heutige Landschaftsbild formten. Die letzte Eiszeit, die Würm-Eiszeit, begann vor 100 000 Jahren und erreichte nach einigen Warm- und Kalt-Perioden vor 20 000 Jahren den letzten Höchststand der Vergletscherung.

Die Hebungs- und Faltungsvorgänge sind aber keinesfalls abgeschlossen: So heben sich heute die Alpen durchschnittlich 1 mm pro Jahr, wobei das Ausmass der Hebung etwa demjenigen der Abtragung an der Erdoberfläche (durch Erosion) entspricht.

4.2.
Die Gesteine des Chienbergs

Der ganze Alpstein besteht aus Sedimentgesteinen der helvetischen Decke aus der Kreidezeit[14], die ursprünglich am Südrand des Aarmassivs (entsprechend der heutigen Region Chur) abgelagert wurden. Im Bereich des Chienbergs sind dabei folgende Formationen (Gesteinsschichten) erkennbar *(Eugster et al.,* 1960):

Seewer Kalk

Zuoberst liegt der Seewer Kalk, der auf dem Chienberg nur im Nordwesten erhalten geblieben ist. Diese Formation besteht aus hellgrauem, dichtem, feinkörnigem Kalkstein in Lagen von 10–30 cm Mächtigkeit, mit Tonhäutchen dazwischen. Die reinen Kalksteinlagen bestehen überwiegend aus Foraminiferen (Plankton) und wurden unter ruhigen, küstenfernen Bedingungen abgelagert.

Der Seewer Kalk kann auf dem Weg zur Kristallhöhle im Chessiloch (bei der Brücke über den Kobelwiser Bach) betrachtet werden.

67 **Seewer Kalk.**

Garschella-Formation

Unter dem Seewer Kalk liegt die Garschella-Formation, eine Abfolge von grünlich-braunen Sedimenten von 25 m Mächtigkeit. Die einzelnen Untereinheiten variieren zwischen unterschiedlich glaukonit- und apatithaltigen Sandsteinen, Mergeln und Kalksteinen, teilweise mit Phosphorit-Lagen. Am Chienberg ist die Garschella-Formation nur noch partiell erhalten geblieben, z. B. bei Punkt 865 auf dem Gipfel des Chienbergs.

Die Garschella-Formation hat einen hohen Anteil an nichtkarbonatischen Bestandteilen (je nach Schicht zwischen 15 % und 65 %), weshalb sich diese Formation für die Bildung von Höhlen nur schlecht eignet.

Schrattenkalk

Die für Höhlenforscher wichtigste Schicht ist der Schrattenkalk, welcher vor etwa 100 Millionen Jahren abgelagert wurde. Damals herrschten Bedingungen wie heute etwa in den Bahamas: tropische Wassertemperaturen von etwa 25 °C sowie oligotrophe Bedingungen (grosse Sichttiefe). Die vielseitige biogene Aktivität im damaligen Riff widerspiegelt sich in unzähligen einsedimentierten und fossilisierten

[14] Die gebänderten, plattigen Kalksteinschichten der helvetischen Decken gibt es nicht nur im Alpstein. Sie bilden viele der übrigen Schweizer Berge, wie z. B. Dent du Midi, Eiger, Schrattenfluh und Pilatus.

68 **Schrattenkalk mit fossilen Rudisten.**

69 **Schrattenkalk mit Karstformen.**

Bruchstücken von Korallen (Coelenterata), Muscheln (Bivalvia), Belemniten und Ammoniten (Cephalopoda), Schnecken (Gastropoda) und Kleinkrebsen (Ostracoden). Die auffälligsten Fossilien (Leitfossil) sind die Rudisten, eine konisch geformte Muschelart, die mit der einen Klappe am Grund angewachsen war und am Ende der Kreidezeit ausstarb.

Die Schrattenkalk-Formation hat im Bereich des Chienbergs eine Mächtigkeit von rund 100 m und besteht aus einer Abfolge von fossilreichen, weissgrauen Kalksteinen, die meist massig gebankt sind (die Felsen wirken oft so homogen, dass kaum eine Schichtung erkennbar ist). Der Schrattenkalk (Abb. 69) ist ein sehr reiner Kalk, ideal für die Bildung von Höhlen. So hat sich die Kristallhöhle in der Schrattenkalk-Formation entwickelt.

Die schroffen Felswände südlich der Kristallhöhle bis zur Schwybachhöhle sind aus Schrattenkalk, ebenso der Gipfel des Mittelsteins und die darunter liegende Felswand.

Drusberg-Schichten und Helvetischer Kieselkalk

Unterhalb der Schrattenkalk-Formation liegen die Drusberg-Schichten, eine Abfolge von massigen Kalkmergeln, die einen erhöhten Anteil an Ton (rund 35 %) aufweisen. Die Drusberg-Schichten haben im nördlichen Alpstein eine Mächtigkeit von rund 40 m. Wegen dem relativ hohen Anteil an Tonmineralien sind sie für die Bildung eines Karstgrundwassers schlecht bis gar nicht geeignet. Auch der darunter liegende Helvetische Kieselkalk ist wegen seines hohen Anteils an Silikaten kaum verkarstungsfähig.

Im nördlichen Alpstein kommen noch weitere Formationen vor. Diese werden hier aber nicht aufgeführt, da sie für die Kristallhöhle von untergeordneter Bedeutung sind (*Eugster et al.*, 1960; *Funk et al.*, 2000).

4.3. Die Struktur des Chienbergs

Strukturell besteht der Chienberg aus einem Gewölbe (Antiklinale), da die Gesteinsschichten bei der Alpenbildung verfaltet wurden. Die Faltenachse der Antiklinale verläuft in NE-SW-Richtung und ist vom Chienberg bis zum Hohen Kasten verfolgbar, wobei sie durch eine Verwerfung bei Freienbach rund

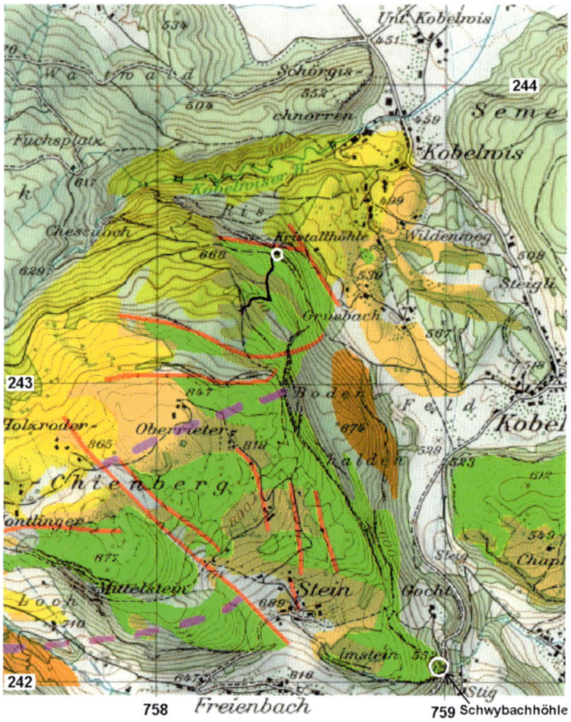

70 **Vereinfachte geologische Karte des Chienbergs. Der Verlauf der Kristallhöhle ist mit schwarzer Farbe eingezeichnet.**

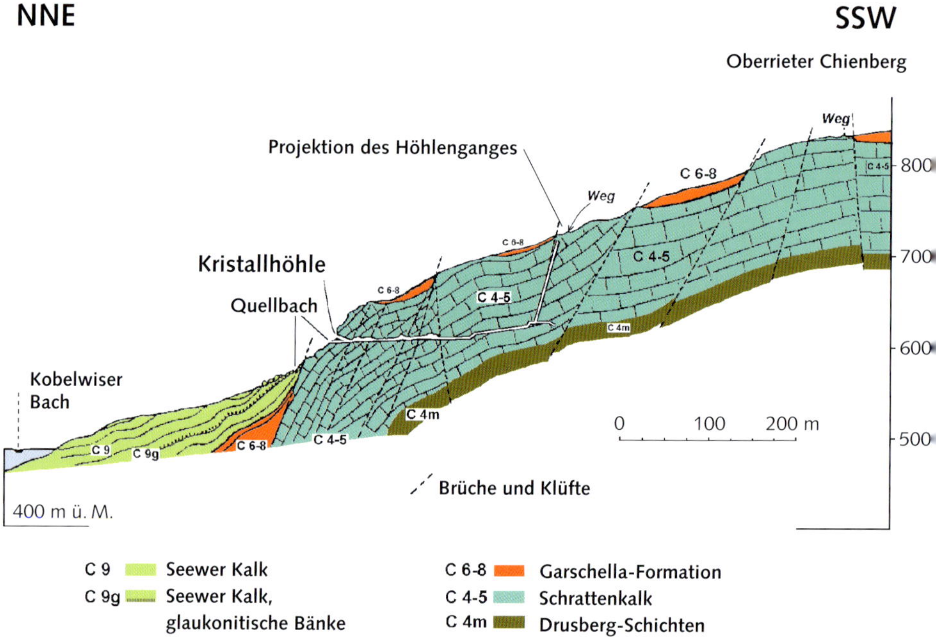

71 **Geologisches Profil des Chienbergs, mit eingezeichneter Kristallhöhle (nach Eugster et al., 1960).**

250 m linkssinnig verschoben wurde (siehe Abb. 70). Die Antiklinalstruktur des Chienbergs ist sehr schön vom Hölzlisberg aus zu erkennen. Neben der grossen Verwerfung bei Freienbach wird der Chienberg und die Gebirgskette Dürrenegg-Kamor-Hoher Kasten von einer Vielzahl kleinerer Verwerfungen durchsetzt. Diese führen zu geologischen Verhältnissen, die im Detail nicht einfach zu interpretieren sind. Die Kristallhöhle erstreckt sich im NW-Schenkel dieser Antiklinale und hat sich in ihrer ganzen, zurzeit bekannten Länge im Schrattenkalk entwickelt (Abb. 71).

Wasser als Schlüssel zur Höhlenbildung

5

Bei der Kristallhöhle bildet der Höhlenbach ein auffälliges Merkmal, ist doch diese Höhle eine Wasser führende «Röhre» im Berg. Da dieses Wasser der Schlüssel zum Verständnis der Entstehung der Höhle ist, werden hier zunächst Grundlagen des Verhaltens von unterirdischem Wasser vermittelt.

Die Hydrogeologie befasst sich mit der Herkunft des unterirdischen Wassers, den Bewegungsgesetzen, den chemischen und physikalischen Prozessen, den Wechselwirkungen mit den Gesteinen und den Oberflächengewässern sowie den Nutzungs- und Schutzbedingungen. Bei der Verkarstung handelt es sich um Phänomene, die auf chemischer Auflösung des Gesteins beruhen.

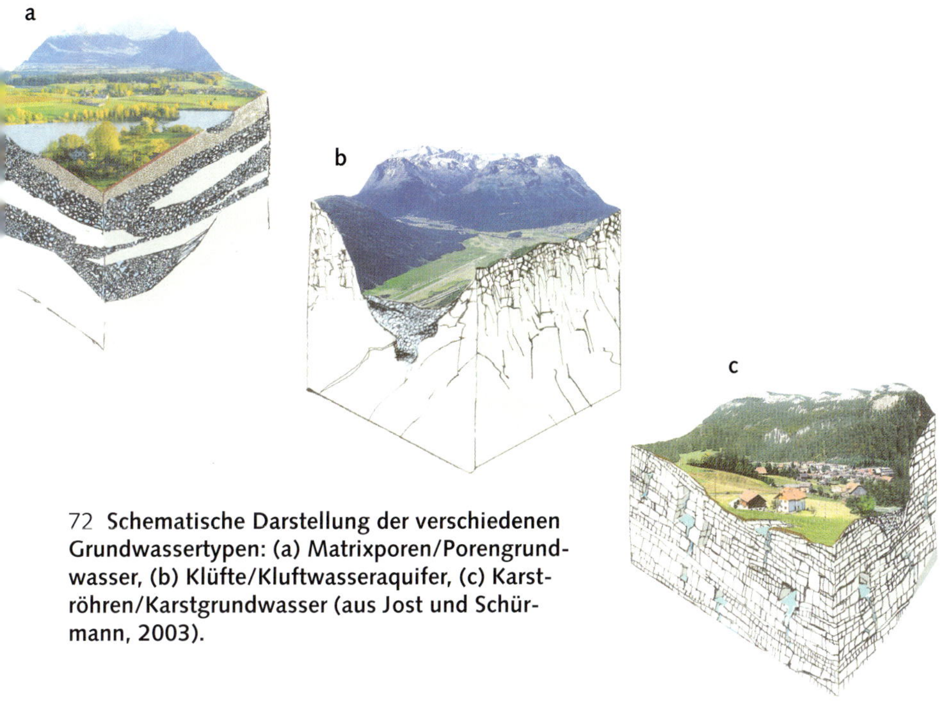

72 **Schematische Darstellung der verschiedenen Grundwassertypen: (a) Matrixporen/Porengrundwasser, (b) Klüfte/Kluftwasseraquifer, (c) Karströhren/Karstgrundwasser (aus Jost und Schürmann, 2003).**

5.1. Grundwasser

Als Grundwasser wird unterirdisches Wasser bezeichnet, das die Hohlräume im Gestein zusammenhängend ausfüllt. Diese Hohlräume werden als Poren bezeichnet. Es werden drei verschiedene Porentypen unterschieden, in denen das Fliessverhalten des Grundwassers sehr unterschiedlich ist:

- **Matrixporen/Porengrundwasser:** Matrixporen sind dreidimensionale Hohlräume um die einzelnen Gesteinskörner. Die Porengrösse hängt von der Korngrösse und der Korngrössenverteilung des Gesteins ab. Grundwasser, dessen Verhalten durch die Zirkulation in den Matrixporen bestimmt wird, nennt man Porengrundwasser. Ein typisches Beispiel sind die Grundwasser-Vorkommen in den quartären Talschottern (Kiesablagerungen aus den Eiszeiten).
- **Klüfte/Kluftwasseraquifer**[15]: Klüfte sind kleinere und grössere, tektonisch verursachte Risse und Brüche im Gestein. Als Kluftwasseraquifer wird ein Festgestein verstanden, bei dem unterirdisches Wasser entlang von zweidimensionalen Kluftflächen zirkuliert. Ein typisches Beispiel sind die Grundwasser-Vorkommen in den geklüfteten Graniten.
- **Karströhren/Karstgrundwasser:** Karströhren sind Hohlräume im Gestein, die durch die Lösungskraft des Wassers erweitert wurden. Sind sie von Menschen begehbar, werden sie als Höhlen bezeichnet. Bei einem Karstgrundwasser erfolgt der Abfluss hauptsächlich durch die Karströhren, jedoch sind Matrixporen und Klüfte wichtig für die Speicherung des Grundwassers. Die Kristallhöhle ist ein Teil des Karströhrennetzes im Chienberg, der das Grundwasser als Quelle wieder an die Erdoberfläche führt.

[15] Aquifer = Grundwasserleiter.

73 **Karstlandschaft mit Wandkarren.**

74 **Kluftkarren.**

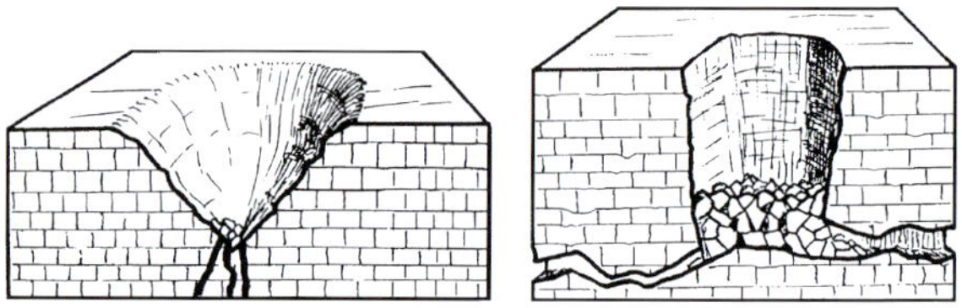

75 **Schema von zwei Dolinentypen (aus Wilhelmy, 1992).**

5.2. **Karst**

Unter Karst wird nicht nur ein Grundwassertyp bezeichnet, der sich durch Gesteinslösung selbst entwickelt, sondern auch eine Landschaft. Bei einer Karstlandschaft fehlt ein oberirdisches Entwässerungsnetz weitgehend, da das Gebiet hauptsächlich unterirdisch durch ein Netz von Karströhren entwässert wird.

Das Auflösen von Gestein führt zu den typischen Karsterscheinungen: Oberflächlich finden sich Karren (Abb. 73 und 74), Dolinen (Abb. 75 und 76) und Trockentäler, unterirdisch die oben erwähnten Karströhren und Höhlen.

76 **Dolinen auf bewachsenem Schrattenkalk.**

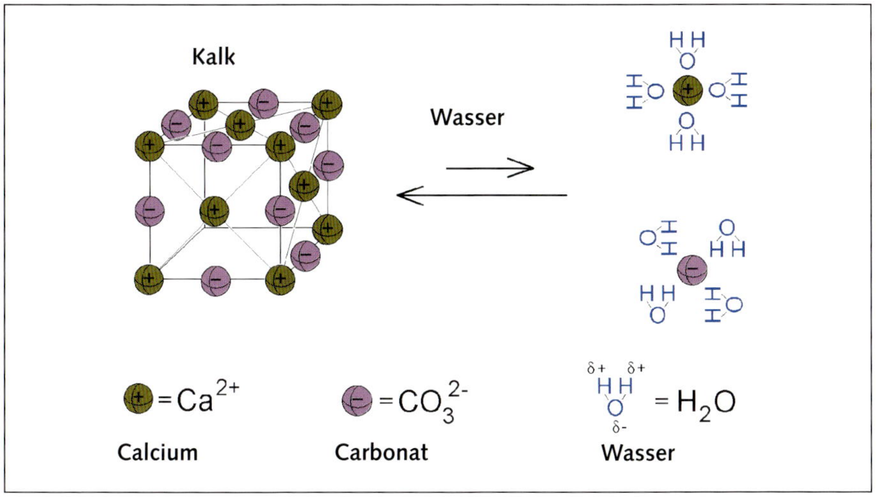

77 **Kalk als Festkörper und gelöst in Wasser.**

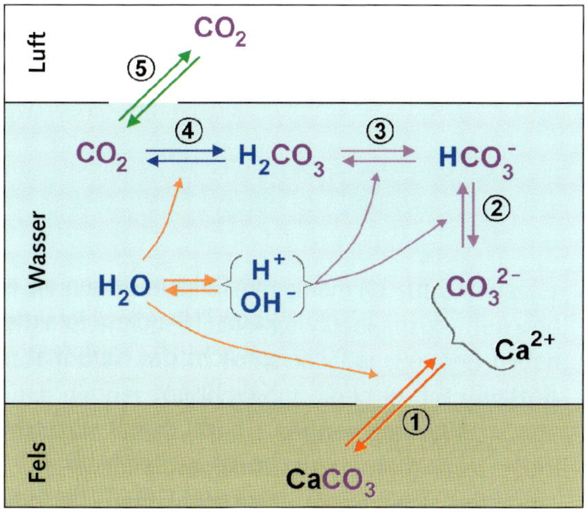

78 **Gleichgewichts-Reaktionen bei der Kalklösung. Die Doppelpfeile deuten an, dass alle diese Reaktionen reversibel (umkehrbar) sind.**

Damit sich ein Karstsystem entwickeln kann, muss das Gestein eine gewisse Löslichkeit in Regenwasser aufweisen. Dafür kommen vor allem Karbonatgesteine (Kalk, Dolomit) und Evaporite (Gips, Anhydrit, Steinsalz) in Frage. Von diesen haben die Kalkgesteine weltweit die grösste Bedeutung für die Bildung von Karstlandschaften und Höhlen; in der Region der Kristallhöhle ist die Verkarstung ganz an diese Gesteinsart gebunden.

Verkarstungsfähig sind aber nur Gesteinsschichten aus sehr reinem Kalk (>90 % $CaCO_3$). Enthält das Kalkgestein schlechtlösliche Mineralien (Tonminerale und Quarz), wird die Verkarstung gehemmt oder gar unterbunden, weil diese «Verunreinigungen» als Lösungsrückstand zurückbleiben und die wasserdurchgängigen Fugen verstopfen.

Kalklösung/Kalkausfällung

Für das Verständnis der Vorgänge in einem Karstgebirge werden im Folgenden die komplexen Prozesse (*Stünzi*, 1994) der chemischen Kalklösung sowie Kalkausfällung kurz erklärt.

Kalk und Wasser

Im Kalk – Calciumkarbonat ($CaCO_3$) – sind positiv geladene Calcium-Ionen (Ca^{2+}) und negativ geladene Karbonat-Ionen (CO_3^{2-}) gitterartig angeordnet, und «haften» wegen der elektrostatischen Anziehung[16] aneinander (Abb. 77). Wasser als Dipol kann nun Kalk lösen, indem es seine negative Seite an die Calcium-Ionen und die positive an die Karbonat-Ionen anlagert.

Übergiesst man Kalk mit Wasser, so stellt sich mit der Zeit das Gleichgewicht zwischen dem Kalk und den gelösten Komponenten Ca^{2+} und CO_3^{2-} ein (Abb. 77 und Abb. 78-1). Dabei kann sich so viel Kalk lösen, bis das Produkt der Konzentrationen $[Ca^{2+}] \times [CO_3^{2-}]$ einen temperaturabhängigen konstanten Wert erreicht hat. Bei 10 °C entspricht dies einer Löslichkeit von nur gerade 11 mg Kalk pro Liter Wasser.[17]

Kalk und Säure

Gibt man eine Säure (H^+) zur Mischung von Kalk und Wasser, bildet sich aus dem Karbonat (CO_3^{2-}) das Bikarbonat (HCO_3^-) (Abb. 78-2), das sich nicht

[16] Auch im Kochsalz (NaCl) werden positive Natrium- (Na^+) und negative Chlorid-Ionen (Cl^-) auf die gleiche Art und Weise in einem Kristallgitter zusammengehalten.

[17] Mit der Elementarreaktion $CaCO_3 \rightleftarrows Ca^{2+} + CO_3^{2-}$, ohne die im Text weiter unten besprochenen Karbonat-Gleichgewichtsreaktionen, würden sich lediglich 6 mg Kalk pro Liter Wasser lösen.

80 **Oberflächenkarren auf dem Chienberg beim Mittelstein.**

81 **Erdfall auf dem Chienberg.**

5.3. Verkarstung des Chienbergs[23]

Der Chienberg besteht zu einem grossen Teil aus dem gut verkarstungsfähigen Schrattenkalk[24] (Abb. 71 und 80). Der Seewer Kalk ist zwar auch verkarstungsfähig, seine Bedeutung auf dem Chienberg ist aber infolge seiner relativ kleinen Fläche sowie seiner geringen Mächtigkeit beschränkt. Diese beiden Schichten sind durch die kaum wasserlösliche Garschella-Formation voneinander getrennt. Auch die unter dem Schrattenkalk liegenden Drusberg-Schichten spielen eher die Rolle einer undurchlässigen Gesteinsschicht.

Oberflächliche Verkarstung

Auf dem Chienberg ist wegen des intensiven Pflanzenbewuchses kaum eine oberflächliche Verkarstung zu beobachten. Nur auf dem Mittelstein sind kleine Oberflächenkarren zu finden (Abb. 80). Interessant war ein Erdfall (1997) auf dem Chienberg (Abb. 81), bei welchem sich plötzlich ein 3 m tiefes «Loch» bildete. Es scheint, dass die Erde durch eine Karströhre, die sich bis an die Oberfläche entwickelt hatte, ins Berginnere geschwemmt wurde. Leider wurde diese Doline durch die nachfallende Grasnarbe wieder verstopft, sodass sie heute kaum mehr zu erkennen ist.

Unterirdische Verkarstung

Aus hydrogeologischer Sicht ist die Kristallhöhle nicht nur eine Karströhre im Schrattenkalk, sondern auch eine **permanente Karstquelle,** die während dem ganzen Jahr Wasser führt und nie trocken fällt. Im Gegensatz dazu fliesst aus dem Eingang der nahe gelegenen Schwybachhöhle nur bei starken Hochwasserereignissen ein Bach. Diese Höhle ist eine temporäre Karstquelle, und zwar ein Hochwasserüberlauf, da das Wasser bei Normalwasserstand durch Klüfte in die 25 m tiefer gelegene Quellfassung sickert.

Die Quelle der Kristallhöhle weist eine stark variable Schüttung von durchschnittlich ca. 10 Liter pro Sekunde (l/s) auf. Die niedrigste von der AGS-Regensdorf gemessene Schüttung betrug 0.5 l/s (am 18. 2. 2001), während die höchste Schüttung auf 70 l/s (am 30. 1. 2000) geschätzt wurde. Die maximale Wasserführung kann wegen der kurzen Dauer der Hochwasserereignisse nicht ohne permanente Registrierung erfasst werden.

[23] Die Verkarstungsvorgänge, die zur Entstehung der Kristallhöhle geführt haben, werden in Kapitel 6 diskutiert, hydrogeologische Untersuchungen in Kapitel 9.

[24] Auch die beiden über 100 Kilometer langen schweizerischen Höhlen – Hölloch und Sieben-Hengste-System – haben sich im Schrattenkalk entwickelt.

Entstehungsgeschichte der Kristallhöhle

6

Die Entstehung einer Höhle ist ein mehrphasiger Prozess, bei welchem die Spuren jeder Phase durch die nächste teilweise oder ganz verwischt werden. Die generelle Abfolge von Phasen (Abb. 82) ist heutzutage zwar allgemein akzeptiert, betrachtet man aber eine spezielle Höhle, wie hier die Kristallhöhle, so braucht es detektivisches Vorgehen in der Art eines Indizienbeweises.

Im Folgenden wird zuerst der allgemeine Werdegang einer Karsthöhle beschrieben. Anschliessend werden diese Erkenntnisse auf die Kristallhöhle angewendet und zuletzt versucht, Aussagen zur zeitlichen Abfolge der Höhlen bildenden Ereignisse zu machen.

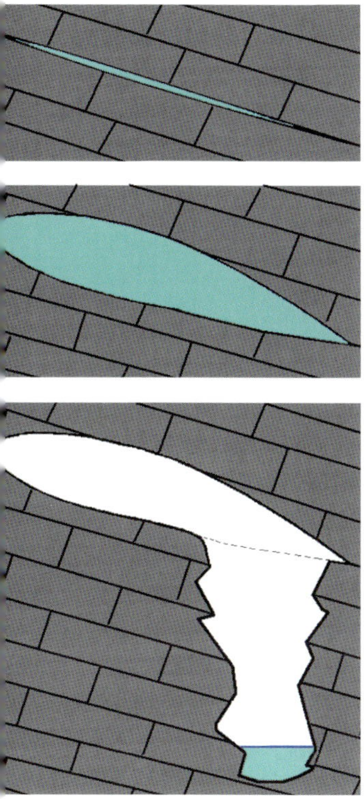

82 **Die drei prinzipiellen Phasen der Höhlenbildung: Initialphase (1), phreatische Erweiterung (2), vadose Erweiterung (3).**

6.1. Von der Trennfläche zum Höhlengang

Die Entstehung einer Höhle vom Typ der Kristallhöhle[25] kann in drei Phasen unterteilt werden (Abb. 82): **Die Initialphase (1),** die Gangerweiterung unter dem Karstwasserspiegel **(phreatisch, 2)** sowie die Erweiterung nach dem Absinken des Grundwasserspiegels **(vados, 3).**

Initialphase

Die Jahrmillionen dauernde Sedimentation des Kalkes im Urmittelmeer verlief nicht gleichmässig: Zum Beispiel wirbelten grosse Stürme Sand- und Tonkörner auf, welche sich als feine Schicht wieder ablagerten. Diese ist heute als **Schichtfuge** zu erkennen. Die Sedimentpakete wurden dann während vielen Millionen Jahren zu Gestein verfestigt und bei der alpinen Gebirgsbildung nach Norden verschoben. Dabei führten mehrere Prozesse zur Bildung von tektonischen Trennflächen (Spalten, die meist weniger als ein Millimeter geöffnet sind):

- Die vorgebildeten Schichtfugen, die etwas poröser und weniger witterungsbeständig sind als der umliegende Fels, können sich öffnen.
- Durch Kräfteeinwirkung bei der Gebirgsbildung entstehen Brüche. Die meisten dieser so genannten **Klüfte** öffnen sich fast senkrecht zu den Schichten.
- Ganze Schichtpakete können zerbrechen und sich gegeneinander verschieben (Verwerfungen).

Diese Trennflächen ermöglichen einen bescheidenen laminaren Grundwasserfluss durch das Gebirge. Infolge der Kalklösung (siehe Kapitel 5.2.) werden diese Trennflächen allmählich erweitert, wobei jeweils nur einzelne Bereiche einer Fläche betroffen sind (Abb. 82, Phase 1).

Es können sowohl Schichtfugen (Abb. 82) als auch Kluftfugen erweitert werden. Sobald eine dieser Fugen etwas grösser wird als die anderen, kann mehr Wasser durchfliessen und sie wächst umso schneller. Die Initialphase endet, wenn von der Sickerstelle bis zur Quelle eine durchgehende Karströhre von einigen Zentimetern Durchmesser entstanden ist, sodass das Grundwasser schnell durch das Gebirge fliessen kann. Je nach dem Gefälle zwischen Sickerstelle und Quelle sowie den klimatischen Verhältnissen[26] dauert dieser Prozess 10 000 bis 10 Millionen Jahre (*Dreybrodt*, 2000 und *Bosák*, 2003).

Phreatische Gangerweiterung – Ellipsenform

Im durchgehenden Netz von Karströhren erweitern sich nun die dominanten Röhren, zum Beispiel

[25] Die Kristallhöhle gehört zum häufigen Typ von Karsthöhlen, die unter dem Grundwasserspiegel «phreatisch» entstanden sind.

[26] In einem warmen Klima mit intensivem Pflanzenwachstum reichert sich im Boden viel CO_2 an. Dieses wird vom Wasser aufgenommen und verstärkt dessen Kalklösungs-Vermögen. Bei kalten Temperaturen mit geringem Pflanzenwachstum vermag das Wasser dagegen nur wenig Kalk zu lösen.

83 **Kleine Karströhre mit Ellipsenprofil (Lauiloch, Muotathal).**

84 **Mäander mit Schlüsselloch-Profil.**

jene Karströhre, aus welcher die Kristallhöhle entstanden ist. Diese Erweiterung verläuft schneller als in der Initialphase, da wegen dem schnelleren, turbulenten Fliessen des Wassers neben der Korrosion (Kalklösung durch kohlensäurehaltiges Wasser, Kapitel 5.2.) auch die Erosion (Abschleifen des Felsens durch im Wasser mitgeführte Sedimentpartikel) wirksam wird. So rechnet man mit 5000 bis 20 000 Jahren für die Erweiterung zu einer Karströhre von einigen Metern Durchmesser (*Bosák,* 2003).

Solche Karströhren:

- sind kreis- bis linsenförmig («elliptisch»), weil das Wasser sowohl die Decke als auch den Boden auflöst (Abb. 83).
- folgen den widerstandsärmsten Zonen und können deshalb auch aufwärts führen, da die Schwerkraft unterhalb des Wasserspiegels wenig Wirkung hat (Prinzip der Druckröhre).[27]

Vadose Gangerweiterung – Mäander

Nun kann es vorkommen, dass eine Eiszeit das Tal (Vorfluter-Niveau) tiefer legt, was eine Absenkung des Grundwasserspiegels zur Folge hat. Dabei entleeren sich die Gänge und es fliesst höchstens noch ein Höhlenbach. Da dieser nur abwärts fliessen kann, werden aufwärts führende Gangpartien oft kurzgeschlossen, indem kleine horizontal verlaufende Spalten vergrössert werden.

In dieser Phase wird nur noch die Gangsohle der Höhle erweitert. Dies kann – wie im Besucherteil der Kristallhöhle – ein eingetiefter Wasserlauf sein. Wenn während langer Zeit oder in grosser Menge Wasser fliesst, können sich auch tiefe Schluchten bilden (Abb. 84), wobei die Initialellipse an der Decke oft kaum mehr sichtbar ist (beispielsweise beim Wasserfall im hinteren Höhlenteil). In der Höhlenforschung bezeichnet man einen solchen Gang als Mäander und spricht von einem Schlüsselloch-Profil. Die Eintiefung beträgt je nach Wasserfluss einige Millimeter bis Zentimeter pro 1000 Jahre.

[27] In einem wenig zerklüfteten Gebirge können solche Gänge tief unter den Karstwasserspiegel abfallen und dann wieder zu diesem ansteigen, während im stark zerklüfteten Fels – wie z. B. beim Chienberg – eher horizontale Gänge entstehen (*Ford,* 2000).

85 **Tropfsteine im hinteren Teil der Kristallhöhle.**

Weitere Phasen im Leben einer Höhle

- Wenn eine Höhle trocken fällt, spricht man von einer fossilen Höhle. In vadosen und fossilen Höhlen können sich durch kalkgesättigtes Tropfwasser Tropfsteine bilden (siehe Kapitel 5.2. und Abb. 85).
- Stockt der Wasserfluss, setzen sich mitgeführte Partikel (Sand bis Ton)[28] ab, sodass ein Höhlengang teilweise oder vollständig verschlossen werden kann.
- Am Ende des «Lebens» einer Höhle steht oft der Versturz (Inkasion), das natürliche Nachbrechen an Decken und Wänden. Die Bruchstücke können einen Gang teilweise oder auch ganz auffüllen. In der Kristallhöhle sieht man nur einen einzigen Versturzblock im Schauhöhlenteil.

6.2. Die Entstehung der Kristallhöhle

Die phreatische Phase der Kristallhöhle

Einige Gangprofile der Kristallhöhle deuten auf eine phreatische Phase der Höhlenentstehung. Das heisst, dass der Talgrund des Rheintals (Vorfluter-Niveau) bei der Entstehung mindestens so hoch lag wie die Kristallhöhle selbst.

Soweit dürfte es sich um eine «normale» Höhlenentwicklung gehandelt haben. Bei der Kristallhöhle ist speziell, dass sie sich zum Teil entlang eines verschiedenenorts mit Calcit verfüllten Bruches entwickelt hat.

Es ist anzunehmen, dass der Höhlenbach während der phreatischen Phase durch den heutigen Höhleneingang in die Nebenhöhle (unter dem Führerhaus) geflossen ist. Das Gangstück zwischen beiden Höhlenteilen, wo sich heute die Terrasse befindet, wurde wohl durch einen kleinen Bergsturz zerstört (siehe auch Abb. 36 in Kapitel 3.2.). Die Gegensteigung vom See zum Höhleneingang ist unter phreatischen Bedingungen nicht aussergewöhnlich.

Erste vadose Phase

Nachdem ein Ereignis – vermutlich eine Eiszeit – die Talsohle des Rheintals und damit den Grundwasserspiegel abgesenkt hatte, kamen die Gänge der Kristallhöhle oberhalb des Grundwasserspiegels, in die vadose Zone zu liegen. Die Höhlengänge waren nur noch über kurze Strecken vollständig gefüllt (Siphons). Grösstenteils floss der Höhlenbach auf der Gangsohle, während der Rest des Gangpro-

[28] Je langsamer das Wasser fliesst, desto kleiner sind die Partikel, die es mitzuführen vermag.

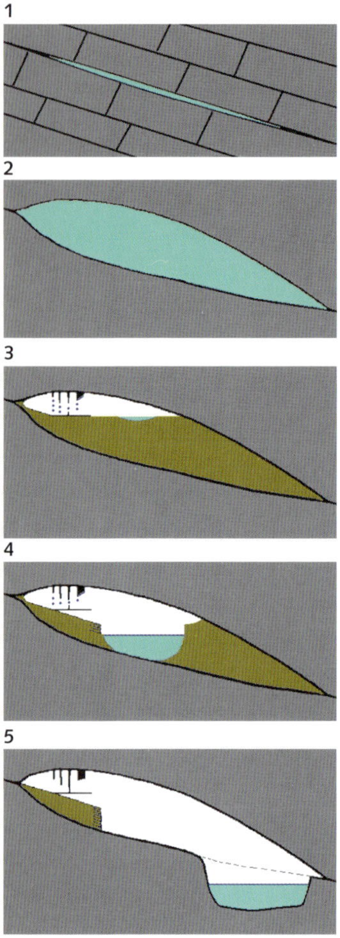

86 **Die fünf deutlich unterscheidbaren Phasen der Kristallhöhle anhand eines im hinteren Teil der Höhle aufgenommenen Profils.**

87 **Vom Wasser unterspülte Sinterplatte auf Sedimentpaket.**

fils mit Luft gefüllt war. Das Fliessverhalten war nun der Schwerkraft unterworfen, sodass das Wasser in den lufterfüllten Teilen nicht mehr aufwärts fliessen konnte.

88 **Geschichtetes Sedimentpaket mit Sinterüberzug.**

Verfüllung der Höhle

Nun geriet der Wasserfluss ins Stocken, nicht zuletzt durch die Gegensteigung beim Höhleneingang. Dabei lagerten sich feine Sedimente (Sand und noch kleinere Körner) ab, die vorher im schnell fliessenden Wasser mittransportiert wurden. So haben sich die Gänge der Höhle ganz oder teilweise mit Sedimenten verfüllt. Tropfsteinwachstum und Sinterbildung setzte nun ein.

Diese Situation ist schematisch in Abb. 86 als Phase 3 wiedergegeben, die Phase 5 skizziert das heutige Gangprofil. Abb. 87 zeigt den linken Teil dieses Profils: feinkörnige, kompakte Sedimente und über diesen eine unterspülte Sinterplatte mit Tropfsteinen.

89 **Schlüsselloch-Profil im hinteren Teil der Kristallhöhle.**

90 **Quelle unterhalb des Ausflusses der Kristallhöhle.**

Die Verfüllung der Höhle beruhte nicht auf einem einmaligen Ereignis. Die Schichtung der Sedimentpakete (Abb. 88, siehe auch Kapitel 7) deutet darauf hin, dass sich mehrere Phasen von Hochwasser und von stockendem Fluss abgewechselt hatten, bevor die Höhle trocken fiel und sich ein Sinterüberzug bildete. Auch im Besucherteil deutet ein Block aus Wechsellagerungen von Sinter und verfestigten Sedimenten (Abb. 50) auf mehrere Zyklen von schnell fliessendem Hochwasser sowie spärlich fliessendem Niedrigwasser. Vermutlich handelt es sich bei diesem um eine Kiesbank, die zuerst versinterte, dann aber wieder mit weiteren Sand/Kies-Ablagerungen überdeckt wurde.

Die Reaktivierung der Kristallhöhle

Aus noch unbekannten Gründen setzte der Wasserfluss später wieder ein. Hochwasserereignisse spülten dann einen grossen Teil der abgelagerten Lockersedimente weg (Phase 4 in Abb. 86). Später begann die Absenkung der Gangsohle (Phase 5). An einigen Stellen war diese Absenkung so markant, dass ein Schlüsselloch-Profil (Abb. 84+89) entstand.

Noch heute befindet sich die Kristallhöhle in dieser Phase der vadosen Gangerweiterung. Es ist zu erwarten, dass sich der Höhlenbach weiter eintieft, Klüfte in den tieferen Partien des Schrattenkalks erweitert und durch diese einen neuen Abflussweg finden wird. Am Fuss der Schrattenkalkwand unterhalb der Mündung des Stollens ist bereits eine kleine Quelle aktiv (Abb. 90).

Aufgrund des heutigen Wissens kann die folgende Hypothese zum Alter der Kristallhöhle postuliert werden:

Die Initialphase

Als früheste Möglichkeit zur Entstehung der Höhle kann die Warmzeit zwischen den letzten beiden Eiszeiten (Riss und Würm) angenommen werden. Folgende Gründe können dafür geltend gemacht werden:

- Die vorletzte Eiszeit (Riss-Eiszeit) hat nach ihrem Rückzug in den Tälern an verschiedenen Stellen grosse Schotterfüllungen hinterlassen. Auch im Rheintal könnte sich der angenommene, hohe Grundwasserstand in einer solchen Schotterfüllung entwickelt haben.
- Wäre die Höhle schon vor der letzten warmen Zwischeneiszeit (Riss/Würm) trocken gefallen, müsste sie grosse, «alte» Tropfsteine aufweisen. Der eher bescheidene Tropfstein-Schmuck deutet aber nicht auf eine mehrere Zehntausend Jahre dauernde Warmperiode. Anzumerken ist, dass etliche der Sinterröhrchen kaum mehr als einige Hundert Jahre alt sind.
- Die Phase der phreatischen Erweiterung dürfte mit 10 000–20 000 Jahren relativ kurz gewesen sein, da einige Gangabschnitte mit Ellipsenprofil relativ kleinräumig sind. Dieses Stadium könnte in der Warmzeit vor der letzten Eiszeit[29] stattgefunden haben.
- Die Höhle ist vermutlich seichtphreatisch – nahe am Grundwasserspiegel – entstanden, möglicherweise in der Hochwasserzone: Die engen Partien mit phreatischen Profilen waren vermutlich meistens unter Wasser, während das Wasser die höheren Schlaufen nur bei Hochwasser gefüllt hatte.

Phase der Verfüllung

Für das Erliegen der Strömung und das Verfüllen der Gänge dürfte eine Eiszeit verantwortlich sein, möglicherweise die Würm-Eiszeit von 90 000 bis 15 000 Jahren vor heute, während der das Einzugsgebiet des Wassers zugefroren war. Dies aus folgenden Überlegungen:

- Die Füllung der Kristallhöhle kann nicht sehr alt sein. Nach mehreren 100 000 Jahren wäre die Sedimentfüllung so kompakt geworden, dass eine Reaktivierung des Wasserflusses – so hoch über dem Grundwasserspiegel – nicht mehr vorstellbar ist.
- In der Kristallhöhle fanden sich keine Sedimente, die vor der letzten Eiszeit abgelagert wurden, wohl aber Sedimente, die typisch für die letzte Eiszeit sind (siehe Kapitel 7).

Geschichtete Sedimente werden häufig mit Eiszeiten in Verbindung gebracht, während denen der Permafrost im Sommer jeweils etwas erwärmt wurde und deshalb mehr Wasser in den Aquifer eindringen konnte.

Eine definitive Datierung der trockenen Phase könnte nur mit Isotopendatierungen an Tropfsteinen gemacht werden. Leider gibt es keine «alten», grossen Tropfsteine, sodass eine finanziell untragbare Vielzahl von Proben untersucht werden müsste.

Reaktivierung des Wasserflusses

Die Reaktivierung der Kristallhöhle durch das Ausspülen der Sedimente bietet eine Knacknuss: An

[29] Zwischen der letzten (Würm-) und der vorletzten (Riss-) Eiszeit herrschten während einigen 10 000 Jahren wärmere Temperaturen als heute. Diese Warmperiode endete vor etwa 100 000 Jahren.

einigen Stellen mit Ellipsenprofil ist die vadose Bacheintiefung so bescheiden, dass nur kurze Zeit Wasser geflossen sein kann, möglicherweise erst seit ein paar Hundert Jahren.

Die Ursache für das erneute Öffnen der Gänge ist nicht bekannt. Die auf den ersten Blick plausibelste Erklärung – Schmelzwasser am Ende der Eiszeit – ergäbe für die Bacheintiefung einen Zeitraum von ca. 15 000 Jahren, was weder zu den bescheidenen Gangdimensionen noch zu den Sediment-Untersuchungen und Holzdatierungen (Kapitel 7) passt.

Weitere Befunde

- Der hohe Schlot im hintersten Teil der Kristallhöhle dürfte ein vadoser Zubringer gewesen sein. Neben den phreatisch entstandenen Höhlenteilen gibt es auch Gänge, die von der Erdoberfläche in den Karstgrundwasser-Leiter führen. Beim Schlot der Kristallhöhle dürften die Niederschläge entlang des markanten Bruches (Abb. 71) eingesickert sein und diesen dabei korrosiv erweitert haben. Dabei ist es durchaus normal, dass die Öffnungen dieser vadosen Gänge an der Oberfläche nicht sichtbar sind, da sich das Wasser in Schichtfugen der obersten 5–10 m sammelt und dann an einem Punkt in die Tiefe einsickert. Zur Erklärung diese Phänomens «Epikarst» siehe *Klimchouk* (2000).
- Der Thomasgang zeigt deutliche Spuren des Trockenfallens und der Reaktivierung: Viele Sinterformationen wirken «zerfressen», weil sie nach ihrer Entstehung wieder korrodiert wurden.

Zusammenfassung der das Alter betreffenden Erkenntnisse

Die Initialphase der Entstehung der Kristallhöhle dürfte frühestens in der Warmzeit vor der letzten Eiszeit liegen (130 000 bis 100 000 Jahre vor heute). Während und/oder nach dieser Eiszeit wurde die Kristallhöhle mit Lockersedimenten verfüllt; sie führt wohl erst seit wenigen Tausend Jahren wieder Wasser. Die Entwicklung dieser Höhle ist nicht abgeschlossen.

Höhlensedimente

7

7.1.

Chemische und Klastische Sedimente

Unter dem Begriff **Höhlensedimente** werden Ablagerungen, Ausscheidungen sowie Mineralneubildungen in unterirdischen Hohlräumen zusammengefasst. Da sie die Entwicklungsgeschichte eines Hohlraumes widerspiegeln, kann ihre Untersuchung wertvolle Informationen liefern.

Die Sedimente in Höhlen werden in die gleichen Hauptgruppen wie jene an der Erdoberfläche eingeteilt: chemische, klastische und organische Sedimente. Einzelne Autoren klassieren auch Höhleneis als Sediment. Die Höhlensedimente können von der Oberfläche aus in den Hohlraum hineingelangt (allochthon) oder in diesem selbst entstanden sein (autochthon).

In der Kristallhöhle sind vor allem die chemischen und die klastischen Sedimente von Bedeutung. Die organischen Sedimentablagerungen spielen eine untergeordnete Rolle.

Chemische Sedimente – Tropfsteine

Bei den chemischen Sedimenten handelt es sich um Mineralausscheidungen in Höhlen, z. B. Calcit, seltener Aragonit oder Gips. Auch in der Kristallhöhle stellt der Calcit die häufigste Mineralausscheidung dar. An dieser Stelle sei darauf hingewiesen, dass es sich nicht um die grossen und spektakulären Calcitkristalle handelt, die bereits vor der Höhlenbildung im Gebirge entstanden sind, sondern um den Sinter, aus dem beispielsweise Tropfsteine aufgebaut sind. Sinter ist eine harte, meist grobkristalline Ausscheidung von Calcit ($CaCO_3$) aus einer wässrigen Lösung. Dieser Entstehungsmechanismus – die Rückreaktion der Kalklösung – wurde bereits in Kapitel 5.2. beschrieben.

Reines Wasser bildet weissen Sinter. Die Sinterablagerungen sind jedoch oft gefärbt, weil das Wasser Verunreinigungen in gelöster Form oder als Schwebepartikel mitführt. Diese werden zusammen mit dem Kalk in den Sinter eingebaut. Die beige bis braune Farbe stammt meist von Huminstoffen aus den belebten Bodenschichten, doch wird auch gelöstes Eisen dafür verantwortlich gemacht.

Die berühmtesten Vertreter der chemischen Höhlensedimente sind die **Tropfsteine,** die eine Vielfalt von Formen aufweisen, unter anderem Stalaktiten, Stalagmiten, Sinterfahnen und Sinterröhrchen (Abb. 95). Im Folgenden werden die wichtigsten Formen von Sinterausscheidungen in der Kristallhöhle kurz beschrieben.

Der klassische Tropfstein **(Stalaktit)** ist ein von der Decke nach unten wachsender Sinterzapfen. Wasser fliesst dabei in Form eines Filmes dem Zapfen entlang nach unten und lagert auf dessen gan-

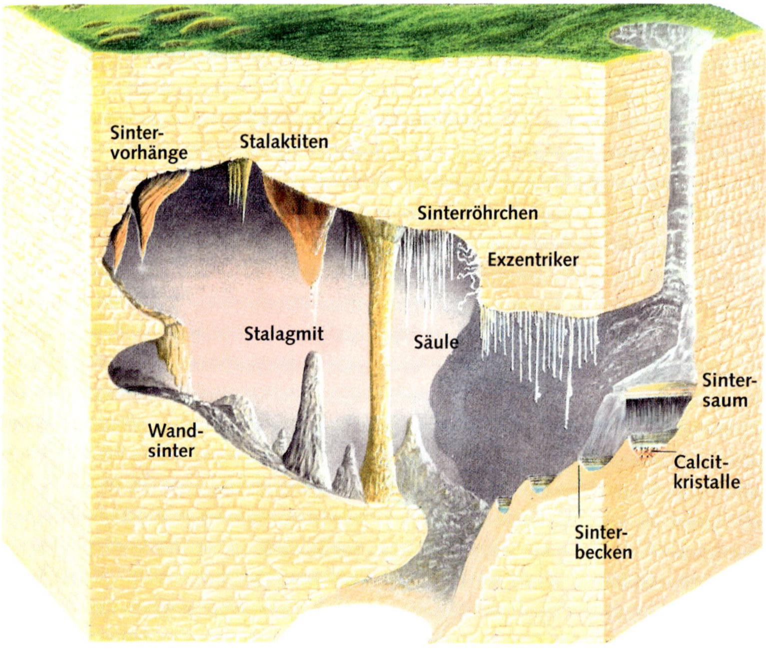

95 **Chemische Sedimente (nach Lalou und Wenger, 1991).**

96 **Sinterröhrchen.**

zer Fläche eine hauchdünne Schicht von Calciumkarbonat ab, sodass der Zapfen sowohl in die Tiefe als auch in die Breite wächst.

Mit dem Tropfstein verwandt sind die so genannten **Sinterröhrchen** oder Makkaroni (Abb. 96), feine, meist monokristalline Röhrchen mit einem Durchmesser von 4–6 mm. Im Gegensatz zum Stalaktit fliesst hier das Wasser im Innern des Röhrchens bis zu dessen Spitze. Weil das Calciumkarbonat erst im hängenden Tropfen am unteren Rand des Röhrchens ausgeschieden wird, wachsen die Sinterröhrchen nur in die Länge. In vielen Fällen besteht der Kern eines Stalaktits aus einem Sinterröhrchen, das verschlossen wurde.

Der Aufprall und das anschliessende Zerspritzen eines Wassertropfens auf einer Fläche beschleunigt den Austausch von CO_2 zwischen dem Wasser und der Höhlenluft. Am Boden unter dem Stalaktit oder Sinterröhrchen kann weiteres Calciumkarbonat ausfallen und einen Bodenzapfen **(Stalagmit)** bilden. Wenn ein Stalagmit sowie ein Stalaktit zusammenwachsen, spricht man von einer Sintersäule.

97 **Stalagmit und Sinterfahne.**

98 **Stalaktiten und Wandsinter.**

Viel häufiger als Tropfsteine sind in der Kristallhöhle die Ablagerungen von **Sinterbezügen** über Felspartien oder über klastischen Sedimenten im Bachbett. Letztere Situation ist bei der Quelle im ausgebauten Teil besonders schön zu sehen, wo sich über der Kiesbank eine mehrere Millimeter mächtige Sinterschicht gebildet hat. Zur Bildung dieser Sinterschicht waren zwei Bedingungen nötig: Erstens musste der Höhlenbach während längerer Zeit (einige Jahrzehnte) so langsam fliessen, dass sich die Steine nicht bewegten, als sie mit Sinter überzogen wurden. Zweitens deutet die Mächtigkeit der Schicht darauf hin, dass das Wasser an dieser Stelle an Calciumkarbonat übersättigt[30] ist.

99 **Sinter über Kiesbank im Bach bei der Quelle im Schauhöhlenteil.**

Erwähnenswert ist auch die Bildung von **Sinterbecken,** in denen sich bei sehr langsamem Wasserfluss rezente Calcitkristalle bilden können. Solche jüngere, häufig Rasen bildende Calcitkristalle konnten aber in der Kristallhöhle nicht beobachtet werden.

Klastische Sedimente

Klastische Sedimente bestehen aus Fragmenten, die von bereits vorhandenen magmatischen, metamorphen oder sedimentären Gesteinen stammen. Die einzelnen Körner werden durch mechanische und chemische Verwitterungsprozesse aus dem Kornverband gelöst und zum Ablagerungsplatz transportiert. Transportmittel können unter anderem Wind, Eis (Gletscher), Wasser oder Erdrutsch sein. Zu den klastischen Sedimenten werden Steine, Sande, Kiesbänke sowie «Höhlenlehm» (Gemisch aus Silt und Ton) gezählt.

In der Kristallhöhle sind an verschiedenen Orten Ablagerungen von klastischen Sedimenten anzutreffen, so zum Beispiel in der Ersten Halle und im aktiven Bachlauf. Eine wissenschaftliche Untersuchung dieser Sedimente ermöglicht Rückschlüsse auf die Fliessgeschwindigkeit bei der Ablagerung sowie eine relative Altersangabe der Sedimente und, manchmal, auch ein Mindestalter der Höhle.

[30] Wenn eine Lösung von Kalk in CO_2-haltigem Wasser den Gleichgewichtszustand erreicht hat, ist sie gesättigt (mehr Kalk kann nicht gelöst werden). Wenn eine solche Lösung in eine Umgebung mit tieferem CO_2-Gehalt der Luft gelangt, ist sie übersättigt, da eigentlich Kalk ausfallen müsste. Da diese Reaktionen langsam ablaufen, kann eine Lösung über längere Zeit übersättigt bleiben.

7.2. Sediment-Untersuchungen in der Kristallhöhle

Die Lagerungsverhältnisse der Sedimente in der Ersten Halle

Im Rahmen der Sanierung des Schauhöhlen-Bereichs der Kristallhöhle im Winter 2001/2002 wurden die Sedimente der Ersten Halle bis zum anstehenden Fels abgetragen. Heute befinden sich an dieser Stelle ein Höhlensee sowie, im Wandbereich, die spektakulären Calcitkristalle. Dieser Eingriff war durchaus gerechtfertigt, zeigt doch der schön versinterte Höhlenboden, dass durch die Sanierung eine ursprüngliche Situation wieder hergestellt werden konnte.

Die Sedimente der Ersten Halle wurden vor dem Ausräumen wissenschaftlich untersucht. Die AGS-Regensdorf tiefte drei Sondiergräben ab und kartierte deren Profile an Ort und Stelle. Zusätzlich wurden Proben für verschiedene Laboruntersuchungen gesammelt. Der Plan dieser Gräben (Abb. 100) vermittelt einen Eindruck der Sedimentfüllung.

Die 0,7–1 m mächtigen Sedimentablagerungen zeugen von einer bewegten Geschichte mit einer Vielzahl von Erosions- und Sedimentations-Phasen. Die einzelnen Schichten sind horizontal gelagert und weisen – mit einer Ausnahme – einen erosiven Kontakt zur nächstliegenden Schicht auf (Abb. 101 und 102). Das heisst, eine abgelagerte Sedimentschicht wurde zunächst durch Erosion teilweise abgetragen und erst nachher von weiteren Sedimenten überlagert.

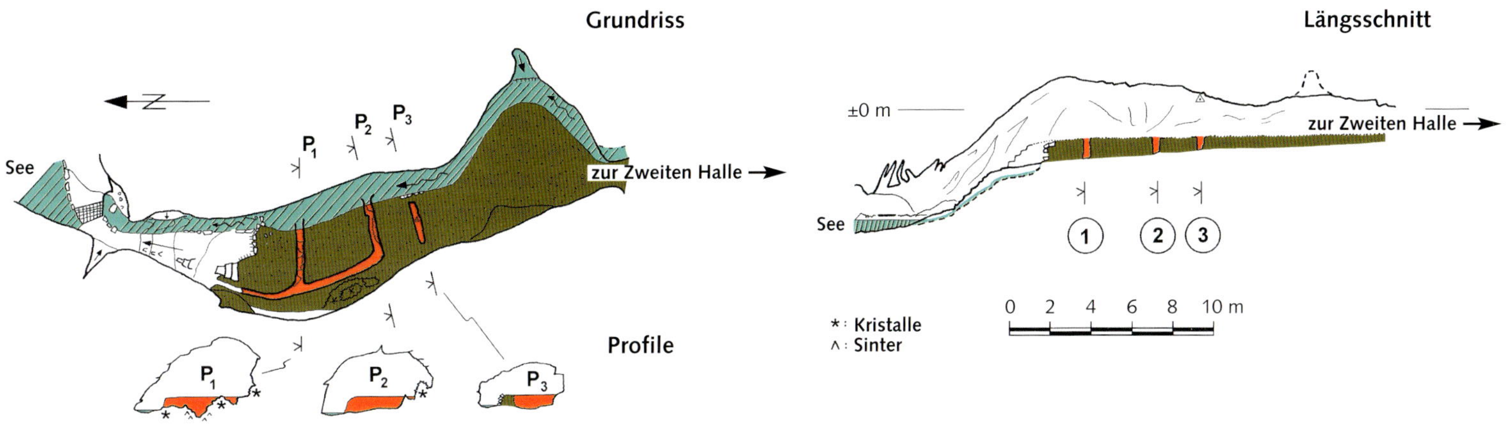

100 **Plan der Sondiergräben der Ersten Halle.**

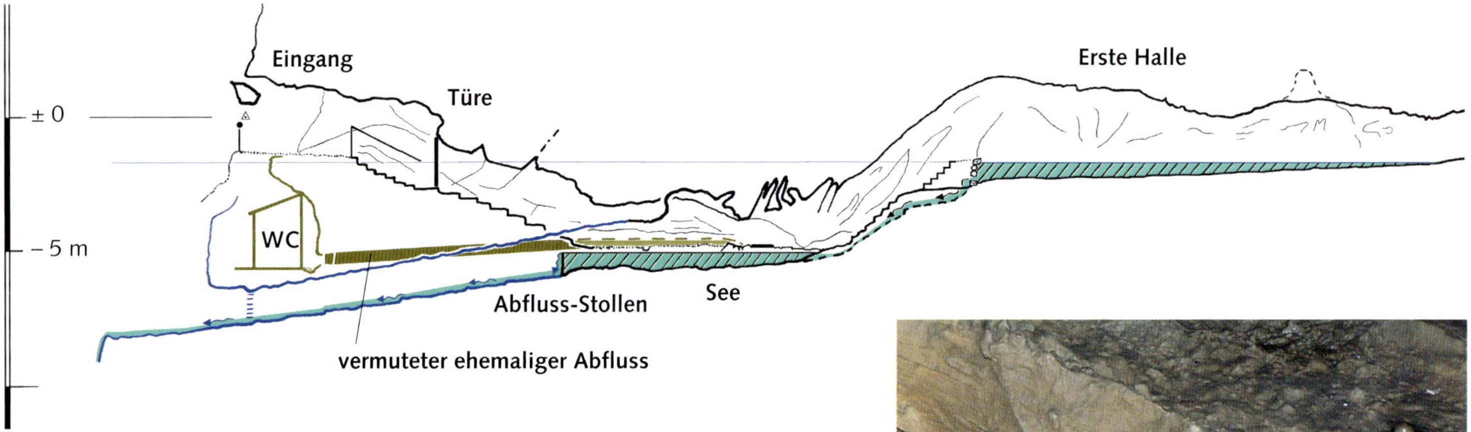

104 **Längsschnitt vom Eingang bis zur Ersten Halle.**

ser durch den heute verstopften Gang (oliv in Abb. 104) abfloss[31]. Unter phreatischen Bedingungen hätte sich die schöne Sintertreppe zwischen dem unteren See und der Ersten Halle nicht bilden können. Möglich ist, dass sich beim Ausfluss des Sees aus der Ersten Halle ein Sinterrand gebildet hat, eine natürliche «Staumauer». Das Profil 2 zeigt, dass der Bach bei Niedrigwasser (in Bachrichtung) rechts durch die Erste Halle geflossen war und die «Staumauer» dort einen Durchlass hatte. Dies war auch die Situation vor der Sanierung 2001/2002: Schon damals war die natürliche Staumauer nicht mehr zu erkennen.

Ein Glücksfall war der Fund von zwei Holzstücken in der untersten, vom Menschen unbeeinflussten Schicht des Sondiergrabens 2. Deren Altersbestimmung mittels Radiocarbon-Datierung zeigte, dass sie höchstens einige Hundert Jahre alt sind. Dies bestätigt die Hypothese, dass die Sedimente der Ersten Halle jung sind.

Die Herkunft der Höhlensedimente der Ersten Halle – Schwermineral-Analyse

In der Kristallhöhle sind an mehreren Stellen kleine Kiesansammlungen zu sehen, welche offensichtlich Steinchen enthalten, die nicht aus Kalk bestehen. Darunter hat es solche aus metamorphem, kristallinem Gestein, welches in den Kreideformationen des Chienbergs nicht vorkommt. Diese Kieselsteine müssen demnach durch die Eiszeit-Gletscher aus den Alpen ins Einzugsgebiet der Kristallhöhle transportiert und dann in die Höhle eingeschwemmt worden sein.

105 **Kieselstein-Ablagerung im hinteren Teil der Kristallhöhle.**

Für die genaueren Untersuchungen wurden nicht die lose herumliegenden Kieselsteine verwendet, sondern die winzigen Schwermineral-Körner, welche in den Sedimenten eingebettet waren.

Die Schwermineral-Analyse nutzt die Eigenheit der Minerale, dass diese unter spezifischen Bedingungen (u. a. Druck, Temperatur) entstehen und somit deren Herkunft oft bestimmbar ist. Schwerminerale weisen im Gegensatz zu den anderen Mineralen eine erhöhte Dichte auf. Sie treten hauptsächlich in siliziklastischem Sedimentgestein[32] auf. Aller-

[31] Der im Längsschnitt aufgeführte ehemalige Abfluss basiert auf einem alten Grundriss, in welchem das Ende des heute verstopften Gangs mit «–6» (m) angeschrieben ist, und auf der mündlichen Überlieferung, dass das Wasser früher an der Stelle der heutigen Toilette abgeflossen sei (vgl. Kapitel 3.2, Abb. 36).

[32] Sedimentgestein aus erodierten Urgesteinspartikeln, wie z. B. Sandstein.

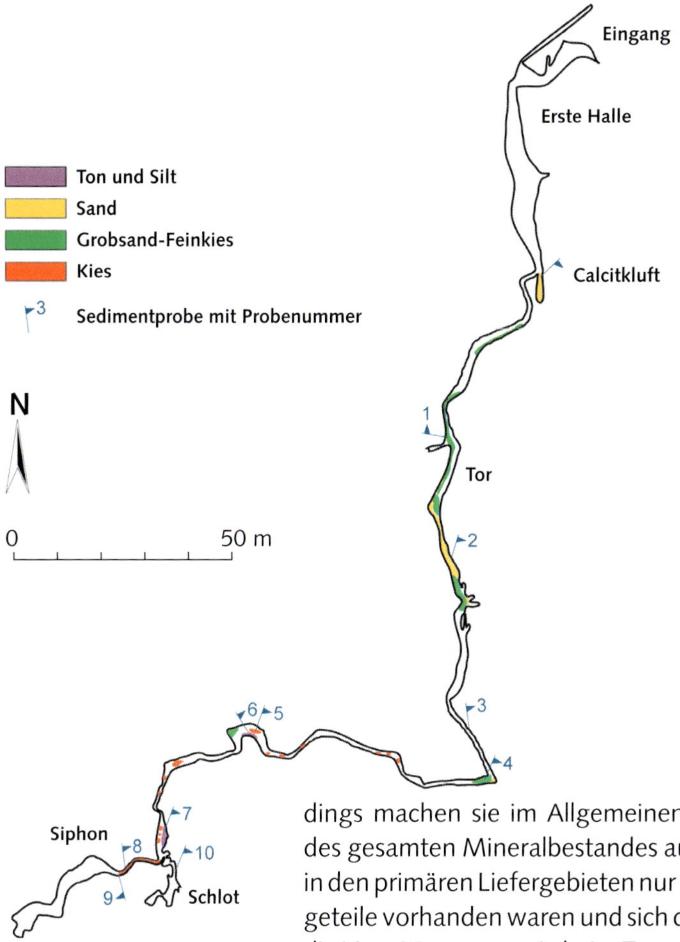

106 **In der Kristallhöhle beurteilte Lockersediment-Ablagerungen. Kartierung der Klastischen Sedimente vom 9.2.2003.**

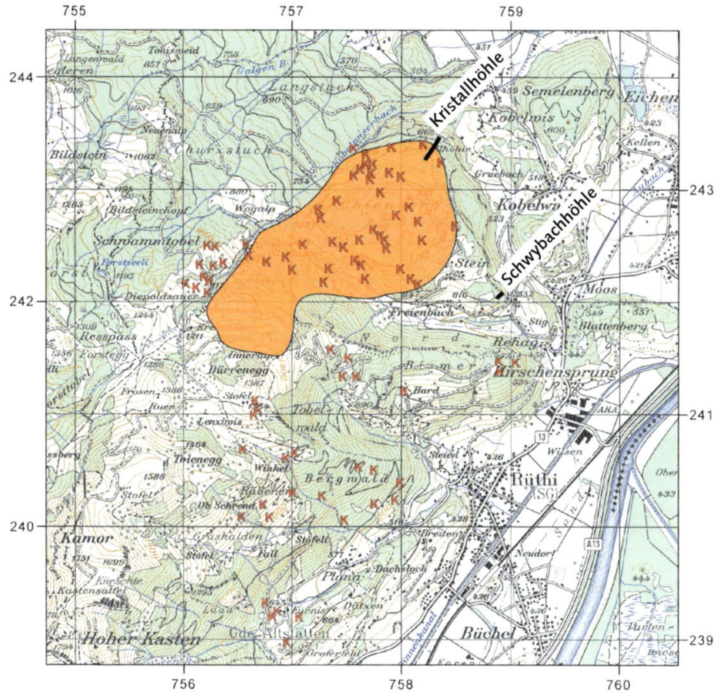

107 **Einzugsgebiet der Kristallhöhle gemäss Schwermineralanalyse (K: Erratische Blöcke, Findlinge).**

dings machen sie im Allgemeinen weniger als 1% des gesamten Mineralbestandes aus, weil sie bereits in den primären Liefergebieten nur als Nebengemengeteile vorhanden waren und sich deren Anteil durch die Verwitterung sowie beim Transport ins Sedimentationsgebiet weiter reduziert hatte. Hauptsächlich ist jedoch die sedimentäre Vermischung mit gesteinsbildenden Mineralien für die starke Verdünnung des Schwermineralbestandes verantwortlich.

Die Schwermineral-Verteilung in einem Sediment stellt eine Art Fingerabdruck dar, den man bei der Schwermineral-Analyse nutzt. Hierzu werden die Schwerminerale durch Aufbereitung von den zu untersuchenden Sedimentproben abgetrennt und unter dem Durchlichtmikroskop ausgezählt.

Aus den Sondiergräben sowie von einigen anderen Stellen im nicht ausgebauten Teil der Höhle wurden Proben für die Schwermineral-Analyse gesammelt (Abb. 106).

Die Auszählung der Schwerminerale ergab bei allen Proben ähnliche Resultate, obschon diese in verschiedenen Phasen deponiert wurden. Daraus lässt sich schliessen, dass alle Sedimente aus dem gleichen Gebiet stammen und von dort mit dem Wasser in die Höhle gelangten. Demnach dürfte auch das Einzugsgebiet der Kristallhöhle seit Beginn der Ablagerung der Sedimente am gleichen Ort geblieben sein. Dieser kann relativ genau bestimmt werden, da die meisten der gefundenen Schwerminerale aus magmatischen sowie metamorphen Gesteinen stammen, die nur in den quartären (eiszeitlichen) Ablagerungen des Rheintalgletschers zu finden sind: Heute kann man auf dem Chienberg und der Dürrenegg nur bis auf rund 1200 m über Meer erratische Blöcke finden. Mit dieser Höhenangabe beschränkt sich das Einzugsgebiet der Kristallhöhle auf die Region vom Chienberg bis zum unteren Bereich der Dürrenegg (Abb. 107).

Höhlenklima

8

Um das Höhlenklima umfassend zu beschreiben, benötigt man die Messungen einer Vielzahl von Klimaelementen wie Lufttemperatur, Luftdruck und -feuchtigkeit, Windrichtung und -stärke, Wasserfluss und -temperatur, Felstemperatur. Da deren Beobachtung in Höhlen nur mit massivem technischem und logistischem Aufwand möglich ist, beschränken sich die meisten Projekte auf die Messung der Luft- und Wassertemperatur sowie die Beobachtung der Richtung und Geschwindigkeit des Höhlenwindes. So basieren auch die hier präsentierten Resultate auf Temperaturmessungen an verschiedenen Stellen der Höhle, mehrheitlich mit automatisch registrierenden Temperatur-Messgeräten (Dataloggern).

108 **Automatisch registrierendes Temperatur-Messgerät.**

8.1.
Die Höhlentemperatur

Die Lufttemperatur in Höhlen ist über das ganze Jahr sehr konstant. Der Tag/Nacht-Rhythmus beeinflusst nur die Temperaturen der unmittelbaren Eingangsregion einer Höhle.

Der Grund für die relativ konstante Lufttemperatur in einer Höhle liegt in den thermischen Wechselwirkungen zwischen Luft, Fels und Wasser. Diese Wechselwirkungen sind zwar komplex, können aber, vereinfacht, auf die spezifische Wärmekapazität zurückgeführt werden. Darunter wird verstanden, wie viel Energie (Wärme) einem Kilogramm eines Materials zugeführt werden muss, damit sich dieses um 1 °C erwärmt. So braucht es beispielsweise dieselbe Energiemenge, um 1 m^3 Luft, 3 dl Wasser oder rund 620 cm^3 Kalkstein (ein Würfel von 8,5 cm Kantenlänge) um 1 °C zu erwärmen. Die wichtigsten Faktoren im Zusammenspiel von Fels, Luft und Wasser werden im Folgenden kurz besprochen.

Fels als Wärmepuffer

Der Fels als Wärmepuffer ist in einer Höhle naturgemäss immer vorhanden. Für die Kristallhöhle wurde abgeschätzt, dass um die Hohlräume herum ein Gesteinsgürtel von einigen Dezimetern Mächtigkeit am Höhlenklima beteiligt ist (*Filipponi*, unpublizierte Resultate).

Für das Höhlenklima selber ist jedoch viel wichtiger, wie lange es dauert, bis die Höhlenluft im Gleichgewicht mit dem Fels ist? Reicht die Zeit, in welcher die Luft die Höhle durchströmt, um mit dem Felsen ins Gleichgewicht zu kommen? Hierzu wurden numerische Modellrechnungen durchgeführt, die zeigen, dass im Falle der Kristallhöhle ein solcher Ausgleich bei einer Temperaturdifferenz von rund 10 °C innert rund 30 Minuten stattfindet. (*Filipponi*, unpublizierte Resultate). Da auch in den engeren Gangprofilen nie ein signifikanter Höhlenwind angetroffen wurde, dürfte die Verweilzeit der Luft zur Erreichung des Gleichgewichtszustands zwischen Luft- und Felstemperatur ausreichen.

Wasser als Wärmepuffer

Der Höhlenbach ist ein spezielles Element des Höhlenklimas, da er der Höhle Energie sowohl zu- als auch abführen kann. Ist die Temperatur des Wassers, welches in eine Höhle eintritt, niedriger als jene der Luft, wird die Höhlenluft abgekühlt und das Wasser erwärmt. Ist das einsickernde Wasser hingegen wärmer als die Höhlenluft (meistens im Sommer), wird Energie in Form von Wärme in die Höhle geführt.

Wie wichtig ist nun der Höhlenbach für das Höhlenklima? Warmes Wasser, das in eine Höhle einströmt, erwärmt die Luft und wird dabei abgekühlt. Wenn sich nun beispielsweise 1 Liter warmes Wasser um 1 °C abkühlt, können 3,3 m^3 Luft um 1 °C erwärmt werden. In die Kristallhöhle fliessen durchschnittlich 10 Liter Wasser pro Sekunde. Dies entspricht bezüglich der Wärmekapazität einem Fluss von 33 m^3 Luft pro Sekunde, was bei den kleineren Gangquerschnitten von ca. 3 m^2 eine Luftgeschwindigkeit von 10 m/s oder 36 km/h ergibt. Wenn der Höhlenwind in diesen Stellen mit weniger als mit 10 m/s weht, dominiert der Energiefluss des Wassers. Dies trifft für die Kristallhöhle zu, da die beobachteten Windgeschwindigkeiten in der Kristallhöhle höchstens 2 m/s betrugen.

Die Regulierung der Temperatur

Es ist allgemein bekannt, dass die Temperatur in Minen und Tunnels steigt, je tiefer man in die Erde eindringt. Wie ist das in Karsthöhlen?

Im Kapitel 5 wurde bereits erläutert, dass der Wasserfluss durch einen Karstaquifer (Karstgrundwasser-Leiter) sehr gross ist. Dank der Wärmekapazität kann das viele Wasser einem Aquifer grosse Energiemengen zu- oder abführen. Die Temperatur des Felsens, der ebenfalls ein Wärmespeicher ist, passt sich im Verlaufe der Karstentwicklung der langfristigen durchschnittlichen Temperatur des Sickerwassers an. Diese Temperatur entspricht ungefähr der langfristigen Jahresmittel-Temperatur der Luft auf der Höhenlage des Aquifers.

Der Effekt der Erdwärme (Erwärmung um 25–30 °C pro km Gesteinsüberdeckung, oder einem Wärmefluss von rund 65 mW/m^2) beruht auf einem langsamen Energiefluss, der im Karst durch den grossen Energiefluss des Wassers gänzlich überdeckt wird.

Das Wasser, das aus einem Karstgrundwasser in eine Höhle fliesst, übernimmt vom Fels eine sehr konstante Temperatur. Auch die Höhlenluft gleicht sich schon wenige Meter nach dem Eingang dieser Temperatur an. So hält sich die Temperatur der Kristallhöhle konstant auf 9 °C. In alpinen Höhlen ist es kälter, beispielsweise noch 0–2 °C auf einer Höhe von 1800 m über Meer, weil die durchschnittliche Temperatur der Aussenluft um etwa 0,65 °C pro 100 Höhenmeter abnimmt.

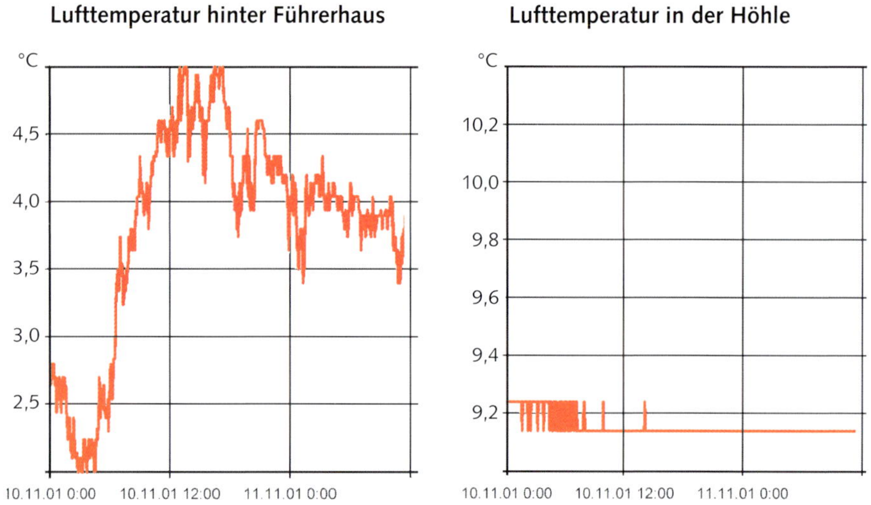

109 **Lufttemperatur-Messungen während 36 Stunden (die verschiedenen Temperatur-Skalen sind zu beachten).**

Diese Temperaturpufferung sieht man schön in einer kleinen, in der Kristallhöhle vorgenommenen Messserie (Abb. 109): Die Lufttemperatur zwischen Fels und Führerhaus variierte während der Messzeit um mehrere °C, während die Temperatur im hinteren Höhlenteil dank der Wärmepufferung durch Fels und Wasser konstant blieb.

8.2. Die Luftzirkulation

Die Luftbewegung in einer Höhle – der Höhlenwind – kann drei unterschiedliche Ursachen haben: Konvektion (Temperaturdifferenz), barometrische Druckdifferenz und Impuls (mechanischer Antrieb).

Die konvektive Luftzirkulation/Jahreszeiten in der Höhle

Das Prinzip der konvektiven Luftzirkulation kommt bei Höhlen zu tragen, die mehrere Eingänge aufweisen. Diese müssen nicht zwangsläufig vom Menschen befahrbar sein, es genügen auch Spalten, die einen Luftfluss zwischen Höhle und Oberfläche erlauben.

Im einfachsten Fall hat eine Höhle zwei «klimawirksame» Eingänge auf unterschiedlicher Höhenlage. Im Sommer ist die Luft in der Höhle kälter (dichter, «schwerer») als diejenige vor den Höhleneingängen und sinkt deshalb ab. Demzufolge strömt die Höhlenluft beim tiefer gelegenen Eingang aus der Höhle und wird durch Ansaugen von Aussenluft beim höheren Eingang ersetzt. Die sommerliche Bewetterung der Höhle ist also ein abwärts gerichteter Höhlenwind. Im Winter ist die Situation umgekehrt: Die Luft in der Höhle ist wärmer (weniger dicht, «leichter») als diejenige vor den Höhleneingängen. Die Höhlenluft steigt dementsprechend auf, saugt kältere Luft aus dem unteren Eingang an und bildet bei der Austrittsstelle ein Blasloch. In der Höhle ist dann ein aufwärtsgerichteter Höhlenwind festzustellen.

Jahreszeiten gibt es nur in Höhlen, in denen die konvektive Luftzirkulation dominiert. Der Wechsel vom Winter zum Sommer erfolgt, wenn die Aussentemperaturen im Tagesmittel über die Höhlentemperatur gestiegen sind.

Die barometrische Luftzirkulation

Die barometrische Luftzirkulation beruht auf der Gesetzmässigkeit, dass Luft von einem Ort mit höherem Luftdruck zu einem solchen mit niedrigerem Luftdruck fliesst. Dies ist an der Erdoberfläche die Hauptursache für die grossflächigen Luftbewegungen (beispielsweise Westwindlage).

Lokal gesehen ist zwar der Luftdruck in und ausserhalb der Höhle in der Regel gleich hoch, schnelle Luftdruck-Änderungen der Aussenatmosphäre (zum Beispiel beim Heranziehen einer Schlechtwetterfront) können jedoch dazu führen, dass vor der Höhle ein anderer Luftdruck herrscht als drinnen. Die Höhle reagiert auf solche Änderungen, indem sie Luft «ansaugt» oder «ausstösst». Die barometrische Luftzirkulation kann in Höhlen mit grossen Räumen, besonders wenn diese hinter einer Engstelle liegen, sehr heftig sein. Jedoch ist sie meist nur von kurzer Dauer (einige Minuten bis wenige Stunden).

Luftzirkulation durch Impuls

Eine weitere Ursache für Luftbewegung ist der Antrieb durch die Bewegung eines anderen Körpers, beispielsweise durch das Fliessen eines Höhlenbachs oder durch Höhlenbesucher, die sich in der Höhle bewegen.

Belüftung von Höhlen

In den meisten Fällen sind alle drei Arten der Luftbewegung anzutreffen, doch ist die impulsive Zirkulation oft nur auf kurzen Gangstrecken von Bedeutung. Die barometrisch verursachte Zirkulation dauert meistens nur kurze Zeit, während die konvektive Luftzirkulation normalerweise für Tage bis Monate erhalten bleibt.

Für das Auftreten einer konvektiven Luftzirkulation genügen kleine Öffnungen, die an die Oberfläche führen (geöffnete Schichtfugen, Klüfte und Karströhren). Deshalb sind die meisten Karsthöhlen gut belüftet. Deren Luft hat im Wesentlichen die gleiche Zusammensetzung wie die Aussenluft, lediglich der Kohlendioxid-Gehalt ist häufig leicht erhöht. Dessen Wert liegt aber normalerweise noch weit unter den toxischen Konzentrationen.[33]

Eine besondere Eigenschaft der Höhlenluft ist die fast völlige Sättigung mit Wasserdampf (meist über 90 % relative Luftfeuchtigkeit). Dies führt dazu, dass die Höhlenluft nahezu frei von Staubpartikeln und Keimen ist, da diese als Kondensationskeime wirken und in Wassertröpfchen oder im Wasserfilm über der Höhlenwand zu Boden sinken. Deshalb wurden in einigen Höhlen schon Sanatorien für die Behandlung von Atemwegserkrankungen (Speläotherapie) eingerichtet.

8.3. Das Klima der Kristallhöhle

Die AGS-Regensdorf hat sich in einem ihrer Forschungsprojekte mit dem Klima der Kristallhöhle befasst, um einerseits die dominierenden Klimafaktoren zu verstehen und andererseits die Empfindlichkeit des Klimas gegenüber dem Schauhöhlen-Betrieb abzuschätzen.

Die Luftzirkulation in der Kristallhöhle

Die Luftzirkulation in der Kristallhöhle ist meistens sehr schwach und kommt weitgehend durch die konvektive Luftzirkulation zustande, wobei der Eingang der Schauhöhle als unterer Eingang wirkt, während Spalten im Bereich des Schlotes den oberen Eingang darstellen. Deshalb weht der Höhlenwind im

[33] Gefährlich hohe CO_2-Konzentrationen können einerseits auftreten, wenn sich in einer nach oben offenen Höhle, die mit Lehm-Sedimenten ausgekleidet ist, viel organisches Material (z. B. Laub, Kadaver) ansammelt. Andererseits gibt es Regionen, wie z. B. solche in Ungarn, in denen CO_2-Gas aus dem Erdinneren in Höhlen gelangen kann.

sowie die Erholungszeit bis zum ungestörten Zustand des Höhlenklimas zu messen.

Als Wärmequelle – anstelle einer Besuchergruppe – dienten die arbeitenden Personen anlässlich des Abtiefens der Sondiergräben in der Ersten Halle am 10. und 11. November 2001. In der Höhle wurden vier Messstationen (Datalogger) installiert, welche alle vier Minuten die Lufttemperatur registrierten. Die Logger wurden in der Ersten Halle, beim Tor am Ende des ausgebauten Teils, nach der Engstelle im hinteren Teil der Höhle sowie beim hintersten Siphon aufgehängt.

Bei den Grabarbeiten waren in der Höhle permanent 5 bis 10 Personen beschäftigt. Da jede dieser arbeitenden Personen mehr Energie abgegeben hatte als ein durch die Höhle spazierender Besucher, entsprach die Situation etwa einem gut besuchten Wochenende mit Schauhöhlen-Betrieb. Wie bei diesem war die Eingangstüre der Höhle tagsüber geöffnet und während der Nacht geschlossen.

In dieser Zeit lag die Temperatur der Aussenluft stets unter jener der Höhlenluft. Es herrschte also Winterklima in der Höhle, was bedeutet, dass Luft von der Eingangsöffnung angesaugt wurde. Wie erwartet, sank die Lufttemperatur in der Ersten Halle nach dem Öffnen des Eingangstors rapide um 0,2 °C (Abb. 112). Diese Temperaturabnahme konnte aber schon beim Tor am Ende des ausgebauten Teils nicht mehr beobachtet werden.

Nach Beginn der Arbeiten stieg die Lufttemperatur der Ersten Halle in kürzester Zeit um 1,5 °C. Die Wärmeproduktion durch die Arbeiten in der Ersten Halle beeinflusste die Höhlentemperatur bis zum Tor am Ende des ausgebauten Teils, hatte aber in den hinteren Höhlenteilen keine messbare Wirkung mehr. Bei den hinteren Stationen erhöhte das Vorbeigehen einer Gruppe von Höhlenforschern zwar die Lufttemperatur, nicht aber die Wassertemperatur.

Das für die Versuchsfrage wichtigste Resultat war, dass sich die Lufttemperatur in der Höhle innert weniger Stunden wieder normalisierte. Das Klima der hinteren Teile der Kristallhöhle hatte auf den simulierten Schauhöhlen-Betrieb überhaupt nicht reagiert, obschon in der Wintersituation Luft vom Eingang in die hinteren Teile gesogen wird. Im Sommer dürfte der durch die Höhlenbesucher verursachte Temperaturanstieg dank der umgekehrten Luftzirkulation nach Ende der Führungen eher rascher zurückgehen.

Aufgrund des heutigen Standes dieses Versuchs ist eine Einschränkung des Schauhöhlen-Betriebs zum Schutz des Höhlenklimas nicht notwendig.

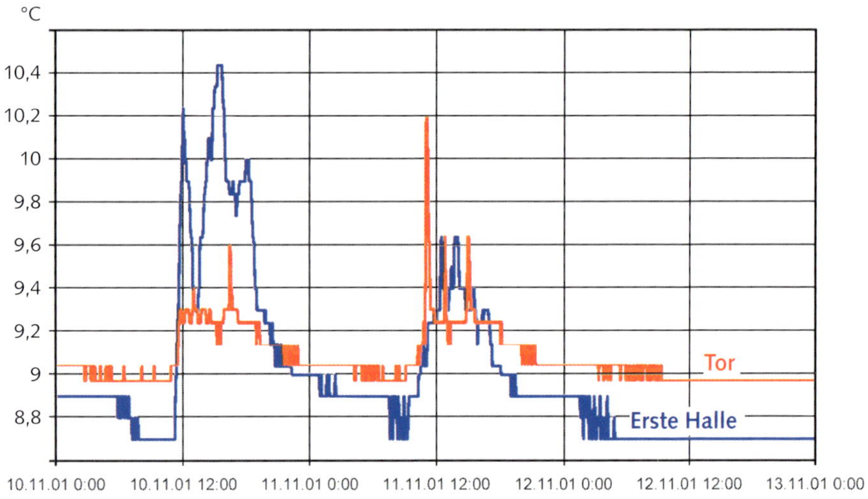

112 **Lufttemperaturen in der Kristallhöhle anlässlich des Abtiefens der Sondiergräben.**

Einzugsgebiet der Kristallhöhle

9

9.1.

Mögliche Einzugsgebiete

Der Kobelwiser Bach folgt ungefähr der Grenze der Kreidekalke und damit auch der Grenze eines möglichen Einzugsgebiets. Gegen Norden schliessen die nicht verkarstungsfähigen Mergel der Amdener Schichten (oberstes Schichtglied der Säntis-Decke, früher Senonmergel genannt) an, auf denen das Wasser oberflächlich in den Kobelwiser Bach abfliessen dürfte. Interessant ist die Beobachtung von Ortsansässigen, dass die Hochwässer der Kristallhöhle sowie der Schwybach-Quelle nicht in Zusammenhang mit lokalen Niederschlägen stehen sollen, sondern mit solchen im Alpstein.

Chienberg: Die nahe liegendste Möglichkeit für das Einzugsgebiet der Kristallhöhle ist der Chienberg. Hier hat es mehrere Versickerungsstellen in Form von Dolinen (siehe Kapitel 5.2.). Zwei markante Dolinen liegen bei 757'970 / 242'640 / 845. Sie wurden um 1950 teilweise mit Bauschutt aufgefüllt; leider wird dort auch heute noch Abfall deponiert. Beide Dolinen liegen in der Schrattenkalk-Formation in einem NW streichenden Bruch (Abb. 113 und *Stünzi*, 1998 b). Auf der geologischen Karte (*Eugster et al.*, 1960) sind zwei weitere Dolinen in der Seewer Kalk-Formation eingezeichnet, die nicht mehr gefunden werden konnten. Vermutlich wurden auch diese zugeschüttet.

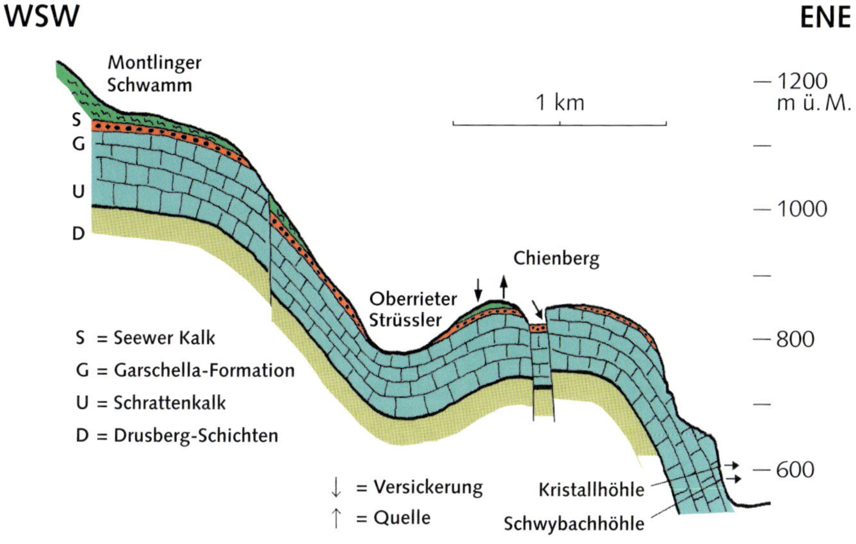

113 **Geologische Profilskizze durch den Chienberg, 2.5fach überhöht.**

Chienberg-Dürrenegg: Aufgrund der geologischen Verhältnisse (Abb. 113) scheint es durchaus möglich, dass das Einzugsgebiet südwestlich vom Chienberg liegt. Zwischen dem Chienberg und der Dürrenegg wurden zwar keine Dolinen gefunden, jedoch ist in diesem Gebiet die Schrattenkalk-Formation teilweise aufgeschlossen. Dieses mögliche Einzugsgebiet wird im Norden und im Süden jeweils von einer markanten Verwerfung begrenzt.

Dürrenegg-Kamor: Im aufgeschlossenen Seewer Kalk, der von der Dürrenegg bis zum Kamor reicht, hat es eine Vielzahl von Dolinen, die aus speläologischer Sicht noch nicht genauer untersucht wurden.

Geschichtliches

Bereits 1935 wurde versucht, dem Ursprung des Höhlenbachs in der Kristallhöhle mit einer Färbung[35] auf die Spur zu kommen: In den «Rötelbach» (Kobelwiser Bach) und den Freienbach wurde Fluoreszein eingespiesen, es konnte jedoch kein Farbstoff im Höhlenbach der Kristallhöhle beobachtet werden (*Steinmann*, 1935 a). In der gross angelegten Un-

[35] Bei einer Wasserfärbung wird im vermuteten Einzugsgebiet ein ungiftiger Farbstoff in Schlucklöcher eingespeist. Danach werden die Quellen beprobt. Wird in den Proben Farbstoff gefunden, gehört die Einspeisestelle zum Einzugsgebiet der Quelle.

tersuchung der Karsthydrologie des Alpsteins 1986/87 (*Leibundgut,* 1988) wurden leider keine Färbungen am Hohen Kasten und nordöstlich von diesem durchgeführt. Bisher wurden in diesem Gebiet gemäss *Leibundgut* (1998) weitere Untersuchungen weder durchgeführt noch geplant.

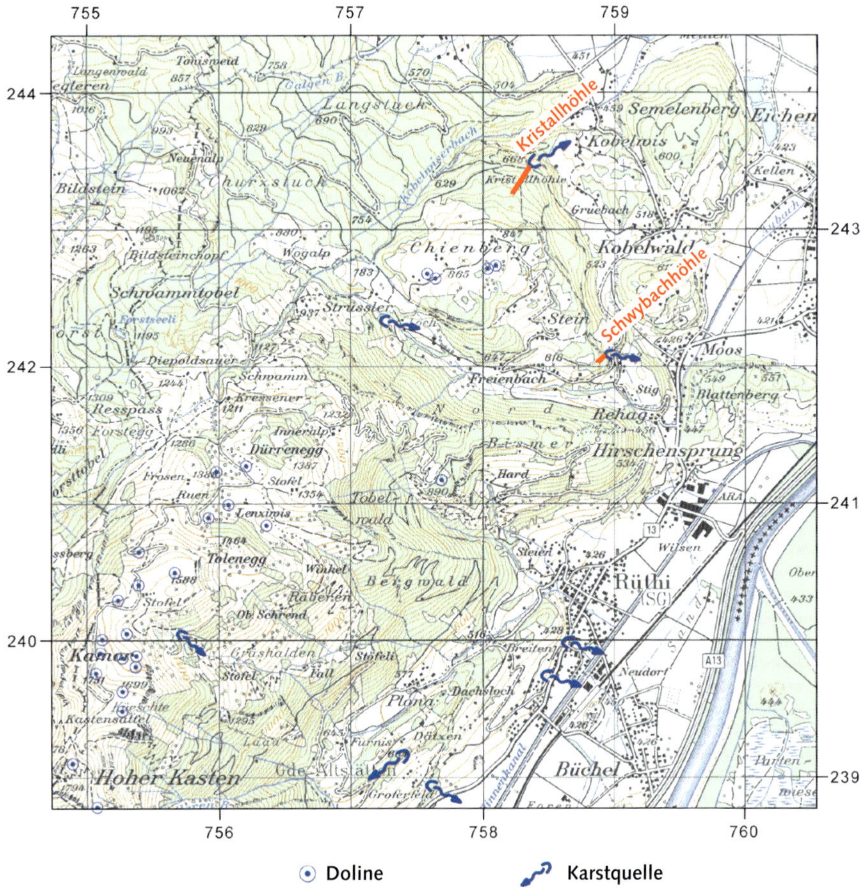

114 **Quellen und Dolinen im nordöstlichen Alpstein.**

9.2.
Untersuchungen der AGS-Regensdorf

In den oben erwähnten, möglichen Einzugsgebieten finden sich eine Vielzahl von Quellen (Abb. 114), von denen aber nur die wenigsten Karstquellen sind. Die Untersuchungen der AGS-Regensdorf konzentrierten sich auf die drei bedeutendsten Karstquellen: Die Kristallhöhle, die Schwybach-Quelle sowie die Quelle bei Rüthi. Letztere wurde schon im Projekt von *Leibundgut* (1988) beprobt, jedoch ohne Farbstoff nachweisen zu können.

Da noch keine hydrogeologisch und logistisch geeigneten Einspeisstellen für eine Färbung gefunden werden konnten, versuchte die AGS-Regensdorf, das Einzugsgebiet mit anderen Methoden zu bestimmen: Wasserchemie, stabile Isotope sowie Untersuchung von Höhlensedimenten.

Bestimmung des Einzugsgebiets mittels Wasserchemie

Die Analyse von Wasserproben auf die «Mineralstoffe» Calcium (Ca^{2+}), Magnesium (Mg^{2+}), Natrium (Na^{+}) und Kalium (K^{+}) sowie auf die Anionen Chlorid (Cl^{-}), Sulfat (SO_4^{2-}), Phosphat (PO_4^{3-}) und Nitrat (NO_3^{-}) wurde durchgeführt, um Hinweise über die Herkunft der verschiedenen Wässer zu erhalten.

Die Wasseruntersuchungen konzentrierten sich auf die Kristallhöhle und die 1,5 km südlich gelegene Quelle der Schwybachhöhle (*Stünzi,* 2001). Die Ähnlichkeit der Gehalte an Inhaltsstoffen (Tabelle 1) zeigt, dass beide Quellen weitgehend aus dem gleichen Wasserspeicher gespiesen werden. Alle anderen untersuchten Quellen um den Chienberg sowie

Tabelle 1: Inhaltsstoffe des Wassers der Kristallhöhle (Siphon) und der Schwybachhöhle

Ort	Ca	Mg	K	Na	Cl	SO4	NO3	Ca/Mg
	mg/Liter							mol/Liter
Kristallhöhle	75 ±7	3.0 ±1.3	1.2 ±0.3	2.2 ±0.8	4.5 ±1.9	9.1 ±2.5	8.2 ±2.4	18 ±7
Schwybachhöhle	75 ±8	2.3 ±0.9	1.2 ±0.2	2.1 ±0.8	4.3 ±2.2	8.9 ±2.3	7.7 ±2.6	21 ±6

11 Probenentnahmen 1999–2004 (jeweils am gleichen Tag)

auch diejenige in Rüthi weisen verschiedene Zusammensetzungen auf (*Stünzi* 1996, 1998 a, sowie unpublizierte Resultate).

Die Zusammensetzung entspricht normalem Karstwasser, aussergewöhnlich ist nur der leicht erhöhte Gehalt an Chlorid. Da die Wasserproben bei verschiedenen Schüttungsbedingungen (Hochwasser bis extremes Niedrigwasser) genommen wurden, zeigt die Konstanz der Zusammensetzung, dass das Wasser nicht direkt von der Oberfläche in die Höhle fliesst. Ansonsten würde es je nach Bewirtschaftung (Viehbesatz, Düngung) sehr variable Gehalte an Nitrat, Ammonium (z. B. aus Gülle) und Chlorid aufweisen. Insbesondere wurde in keiner Probe Ammonium gefunden.

In der Tabelle 1 wurden die Resultate für das Wasser des Endsiphons aufgeführt, welcher den grössten Beitrag zum Kristallhöhlenbach liefert. Die Gehalte des Höhlenbachs beim unteren See waren durchwegs ähnlich.

In den Hauptgang der Kristallhöhle münden ausser dem Siphon noch fünf weitere Quellen (Q1–Q5), von denen Q1 (Ausfluss des Thomasgangs) und Q2 (Dusche) bereits erwähnt wurden (Abb. 115). Die Tabelle 2 gibt die Gehalte dieser Quellwässer im Vergleich zum Siphon-Wasser an. Die Standardabweichungen sind der Übersichtlichkeit halber nicht explizit angegeben, dafür zeigen Sternchen, ob die Gehalte sehr konstant (**), relativ konstant (*) oder variabel sind.

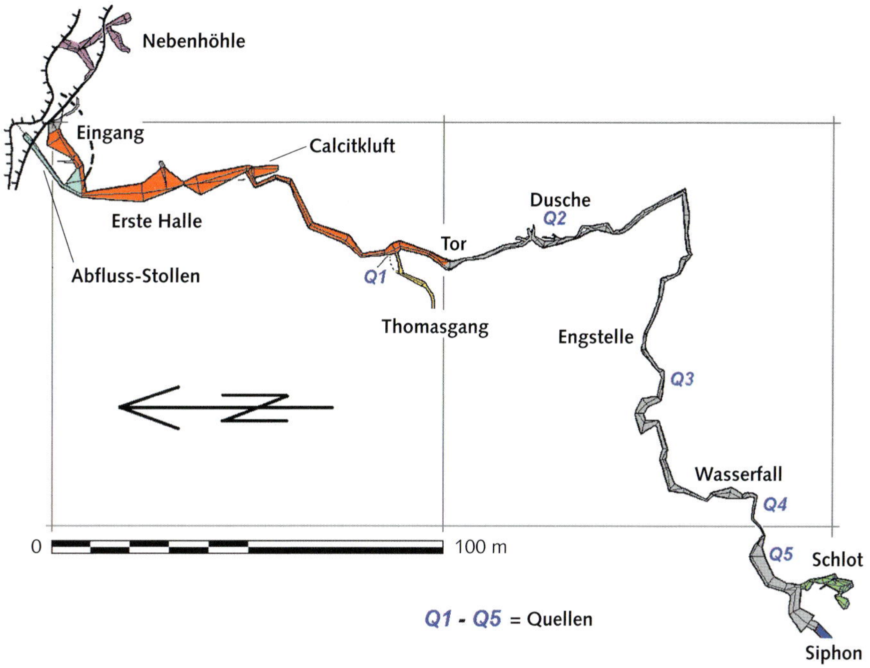

115 **Quellen innerhalb der Kristallhöhle.**

Tabelle 2: Wasserinhaltsstoffe der Quellen Q1–Q5 im Vergleich zum Siphonwasser

Ort	n	Ca	Mg	K	Na	Cl	SO4	NO3	Ca/Mg
Siphon	11	= 100%	= 100%	= 100%	= 100%	= 100%	= 100%	= 100%	= 100%
Q1	11	117%**	116%	31%**	25%*	16%**	110%**	45%*	105%
Q2	8	101%**	55%*	8%**	29%*	21%**	84%*	152%	196%
Q3	5	75%**	28%*	11%**	23%**	24%**	93%	90%	298%
Q4	5	80%**	36%*	13%**	26%**	24%**	110%*	87%	233%
Q5	7	101%**	128%	35%**	32%*	22%**	142%*	26%**	82%
Schwybachh.	12	101%**	84%**	99%	99%*	107%	100%**	98%*	118%*

n = Anzahl Proben * = Standardabweichung <14% ** = Standardabweichung <7%

Ein überraschender Befund war, dass sich die Gehalte der Wasser-Inhaltsstoffe aller Quellen innerhalb der Kristallhöhle (Q1–Q5) von jenen des Siphons signifikant unterscheiden. Insbesondere enthalten die Quellwässer viel weniger Chlorid, Natrium und Kalium. Auch untereinander unterscheiden sich die Quellen (ausser Q3 und Q4). Gemeinsam ist nur, dass die meisten Wässer etwa 80 mg Ca/L enthalten.[36] Dieser Wert bleibt relativ konstant, während die Konzentrationen der anderen Inhaltsstoffe bei und nach Hochwasser signifikant tiefer waren als bei Niedrigwasser.

Interessant ist besonders das Verhältnis von Magnesium zu Calcium: Im Schrattenkalk der Kristallhöhle beträgt der Magnesiumgehalt nur 0,5 % des Calciumgehalts, beim Wasser des Siphons ist dieser Wert mit 5 % viel höher.[37] Grund dafür dürfte sein, dass das Wasser lange in Kontakt mit dem Schrattenkalk war und Zeit hatte, die zwar «selteneren», aber besser löslichen Magnesiumverbindungen aufzulösen. Berücksichtigt man die unterschiedlichen Schüttungen, so findet man einen grösseren Magnesiumanteil (10 %) bei Niedrigwasser, bei welchem die Verweilzeit länger dauert, respektive einen kleineren (3 %) nach Hochwasser-Ereignissen.

Die Wässer der **Quellen Q2–Q4** enthalten weniger Magnesium (durchschnittlich 2 % verglichen mit Calcium), was auf kürzere Verweilzeiten im Schrattenkalk hinweist. Ausserdem versiegen die beiden Quellen Q3 und Q4 jeweils bei Niedrigwasser.

Die Quellen **Q1** (aus dem Thomasgang) und **Q5** liefern Wasser, dessen Ca/Mg-Verhältnisse auf längere Verweilzeiten im Schrattenkalk hinweisen. Jedoch sind die Chlorid-, Natrium- und Kalium-Kon-

[36] Dies entspricht 20 französischen Härtegraden und bedeutet relativ «hartes» Wasser.

[37] Die %-Angaben beziehen sich auf die Anzahl Atome (in Mol pro Liter).

zentrationen tiefer als im Siphon-Wasser. Eventuell kann beim Siphon-Wasser ein Kontakt mit anderen Gesteinen zu höheren Cl-, Na-, und K- Gehalten führen. Die hohen Calcium- und tiefen Nitratgehalte der Quellen Q1 und Q5 deuten auf eine bewachsene, nicht bewirtschaftete Eintrittsstelle des Wassers.

Fazit: Aufgrund der chemischen Wasseranalysen kann geschlossen werden, dass die Wässer der Kristallhöhle (Siphon) und Schwybachhöhle vom gleichen Grundwasserspeicher gespiesen werden und eine lange Verweilzeit haben. Die leicht erhöhten Chlorid-, Natrium- und Kalium-Konzentrationen könnten auf Kontakt des Wassers mit anderem Gestein als Schrattenkalk zurückzuführen sein. Die Analysen der anderen Quellen innerhalb der Kristallhöhle deuten auf lokalere Schrattenkalk-Karstwässer.

Bestimmung der Höhenlage des Einzugsgebietes mittels Isotopen

Viele Elemente bestehen aus verschiedenen Isotopen (unterschiedlich schwere Atomkerne), die sich chemisch fast gleich verhalten. Es gibt sowohl stabile als auch radioaktive Isotope. Die verschiedenen radioaktiven Isotope haben unterschiedliche Lebenszeiten, von Sekundenbruchteilen bis zu Millionen von Jahren.

Das hydrogeologisch wichtige Wasser H_2O kann aus Molekülen mit verschiedenen Isotopen zusammengesetzt sein (^1H, ^2H, ^3H, ^{16}O, ^{17}O, ^{18}O)[38], wobei die Isotope ^3H und ^{17}O nicht stabil sind. Die Verhältnisse der stabilen Isotope zueinander können Informationen über die Wechselwirkungen innerhalb des Wasserkreislaufs liefern. Als Messgrösse

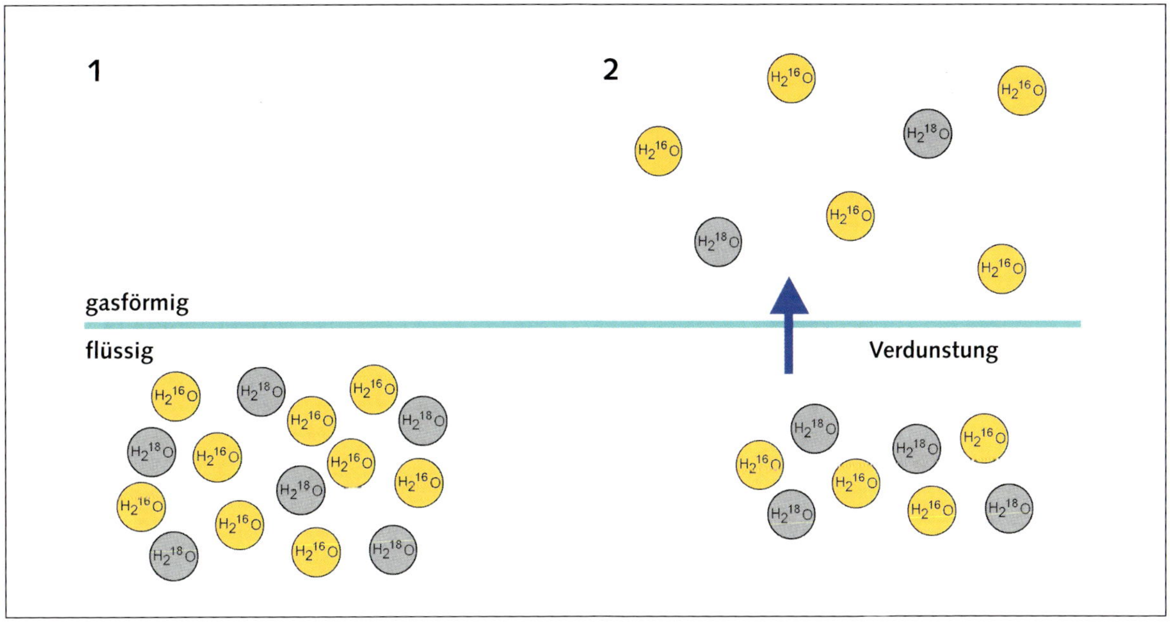

116 **Schema der Fraktionierung der Isotope beim Verdunsten (in Wirklichkeit hat es im Wasser nur 0.2 % $H_2{}^{18}O$!).**

[38] H = Wasserstoff, O = Sauerstoff. Die hochgestellten Zahlen zeigen die Summe von Neutronen und Protonen im Atomkern. Alle Wasserstoff-Atomkerne enthalten 1 Proton. Die Atomkerne von ^1H, ^2H und ^3H enthalten 0, 1 und 2 Neutronen.

9.3.
Erkenntnisse zur Hydrogeologie des Chienbergs

- Das **heutige Einzugsgebiet** der Kristallhöhle dürfte gemäss den hydrogeologischen Untersuchungen (Kapitel 9) auf dem Chienberg (in Abb. 118 blau eingezeichnet) und/oder in der Region Strüssler (lila eingezeichnet) liegen.
- Die Schwermineral-Analyse (Kapitel 7) zeigt, dass das Einzugsgebiet schon in der Phase der Verfüllung der Höhle in derselben Region (Chienberg/Strüssler) lag.
- Aus der Wasseranalyse (Kapitel 9) folgt, dass der Siphon der Kristallhöhle und die Schwybach-Quelle vom gleichen **Wasserspeicher** gespiesen werden. Das Wasser dürfte in oder über den flach liegenden Drusberg-Schichten des Chienbergs oder der Senke zwischen Chienberg und Strüssler (Abb. 113) als Porengrundwasser gespeichert werden.
- In Einklang mit den klimatischen und chemischen Untersuchungen (Kapitel 8 und 9) dürfte das Wasser des Thomasgangs in der Kristallhöhle ebenfalls aus dem Chienberg stammen, aber höher als das Siphon-Wasser gespeichert werden, möglicherweise in der Garschella-Formation.

Beschreibung der Mineralien

10

Calcit

Die Mineralart Calcit ist Hauptgemengteil des Schrattenkalk-Gesteins, in welchem die Kristallhöhle entstand. Zudem bildet er derbe Calcitadern oder Spaltenfüllungen ohne Kristallisationsflächen, die das Gestein durchziehen.

In Kluftrissen und grösseren Klufthohlräumen (wie sie von der Kristallhöhle angeschnitten wurden), wo zur Kristallisation genügend Platz vorhanden war, kann das Mineral aber schön ausgebildet sein. Daneben kann sich Calcit als Sinter ausscheiden.

Beim Mineral Calcit handelt es sich um Calciumkarbonat $CaCO_3$. Er weist eine Härte von 2–3 sowie eine Dichte von 2.71 auf. Calcit ist in der Kristallhöhle Kobelwald am häufigsten als Rhomboeder auskristallisiert. Ebenfalls recht häufig ist das Mineral

119 **Alter, rekristallisierter Höhlensinter mit rhythmischem Wachstum, hervorgerufen durch verschiedenfarbige Fremdeinlagerungen; in der Bildmitte Negativabdruck eines Calcitkristalls. Breite 13 cm.**

120 **Calcitkristall mit Überzug von Höhlensinter; der Sinter ist in feinen Schichten oder blumenkohlartig ausgebildet und entstand in unterschiedlich rasch bewegtem Wasser des Höhlenbaches. Höhe 11 cm.**

122 **Kristallzeichnungen: links Rhomboeder, rechts Skalenoeder.**

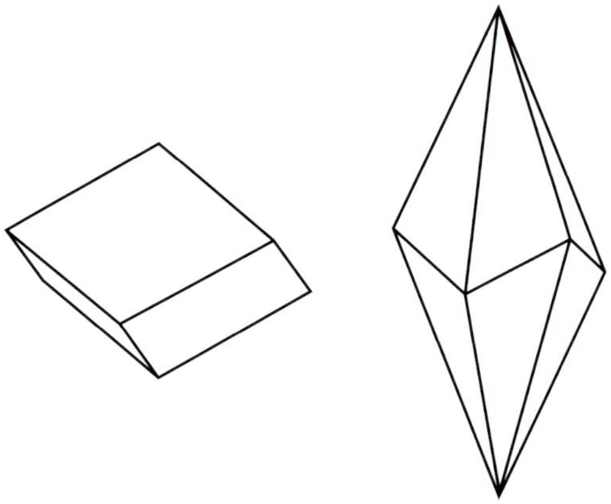

121 **Rhomboedrischer Calcitkristall, teilweise eingebettet in knollenförmigen Sinter. Breite 16 cm.**

123 **Rhomboeder. Breite 13 cm.**

124 **Zwei ineinander verwachsene Rhomboeder. Breite 3.5 cm.**

125 **Skalenoeder. Länge 15 cm.**

126 **Spalt-Rhomboeder. Breite 9 cm.**

als Skalenoeder ausgebildet. Bei den rhomboedrisch ausgebildeten Calciten kommen auch formenreiche Kombinationen vor.

Der Calcit hat die Besonderheit, dass beim Zerkleinern desselben, beispielsweise wenn mit einem Hammer auf einen Kristall geschlagen wird, immer wieder Kristalle in der Rhomboeder-Form (Spalt-Rhomboeder) entstehen.

Die Calcite sind weiss oder in verschiedenen Grautönen gefärbt. Die Graufärbung des Minerals

127 **Doppelbrechung des Lichts bei einem farblosen Calcitkristall. Spalt-Rhomboeder. Breite 4.5 cm.**

wird durch Einschlüsse von Tonpartikeln verursacht. Die Farben können bei einzelnen Kristallen zonenweise variieren. Dabei entstehen, in seltenen Fällen, phantomähnliche Gebilde. Bei solchen Kristallen haben sich die Wachstumsbedingungen während der Mineralbildung verändert, sodass diese innen eine andere Farbe aufweisen als aussen.

Auch farblos-durchsichtige Kristalle mit Doppelspat-Charakter kommen vor: Die Doppelbrechung des Lichts kann an solchen farblosen Calciten gut beobachtet werden. Das Mineral hat die Eigenschaft, einen einfallenden Lichtstrahl in zwei Strahlen zu zerlegen, welche dann auf getrennten Wegen den Kristall durchlaufen und auch verlassen. Legt man ein klares Spalt-Rhomboeder auf ein mit einer Linie versehenes Papier, dann erscheint diese Linie, durch den Calcit betrachtet, doppelt. Die Distanz der beiden beobachteten Linien ist abhängig von der Dicke des Kristalls: Je dicker der Kristall, umso weiter können die beiden Linien auseinander zu liegen kommen. Die eine Linie liegt im Kristall höher als die andere. Wenn dieser auf seiner Unterlage gedreht wird, bleibt die eine Linie an Ort und Stelle, während die zweite eine kreisende Verschiebung erfährt.

Die Calcitkristalle der Kristallhöhle sind häufig mit einer Lehmschicht überzogen. Das Mineral weist einen schönen Oberflächenglanz auf. An verschiedenen Stellen der Kristallhöhle finden sich aber auch Kristalle, die als Folge der Korrosion meist angeätzt sind. Deren Oberfläche fühlt sich dadurch rauh an.

Das Vorkommen der Calcitkristalle konzentriert sich auf verschiedene Bereiche des vorderen, ausgebauten Höhlenteils. Im hinteren Teil der Höhle, nach dem Tor, findet sich das Mineral nur noch vereinzelt und in spärlicher Menge. Nach dem Tor findet man Kristalle noch bis nach der Dusche. Zuerst in Klüften über dem Gang, dann in der Wand des fossilen Gangs bei der Dusche. Die Calcitvorkommen treten als Kluft- und Gangfüllung mit einzelnen Hohlräumen auf. Sie ist im vorderen Teil der Höhle mehr oder weniger parallel zur Gesteinsschichtung orientiert und geht im hinteren Teil in ein steil verlaufendes Bruchsystem über.

Bezüglich der Kristallform des Minerals fällt auf, dass im vordersten Höhlengang, bis zum Wasserfall, lediglich die Rhomboeder-Form anzutreffen ist, während in der Höhle weiter hinten sowohl die Skalenoeder-Form als auch – hier allerdings seltener – die rhomboedrische Ausbildung vorkommen.

Nachfolgend sollen die verschiedenen Zonen, in welchen in der Höhle Calcitkristalle vorkommen, beschrieben werden:

In der Ersten sowie in der Zweiten Halle befinden sich die grössten Calcitlager. Hier sind ganze Wandpartien von rhomboedrischen Calciten überzogen. Dabei handelt es sich meist um einfache Rhomboeder, seltener um Rhomboeder-Kombina-

128 **Stufe mit rhomboedrisch auskristallisiertem Calcit aus den Bodensedimenten der Ersten Halle. Breite 63 cm.**

tionen oder um Zwillingsbildungen. Die Kantenlängen der Rhomboeder können mehr als 20 cm betragen.

Leider sind in diesem vordersten, bereits ursprünglich zugänglichen Bereich der Höhle viele Calcitkristalle abgeschlagen worden; während des Ersten Weltkrieges wurde der Kalkspat angeblich «fuderweise» abgebaut und zu Putzmitteln verarbeitet. Das Abschlagen der Calcitkristalle hatte zur Folge, dass heute ganze Wandpartien nur noch von Calcit-Spaltstücken, jedoch nicht mehr von unbeschädigten Kristallen, bedeckt sind. Die schönsten, intakt gebliebenen Kristallpartien befinden sich beim Stausee in der Ersten Halle. Hier sind im Bereich des Bodens und des unteren rechten Wandteils zahlreiche wunderschöne Calcit-Rhomboeder zu bestaunen, welche heute sicher die Hauptattraktion der Höhle darstellen. Diese wurden erst anlässlich der letzten Höhlensanierung in den Jahren 2001/2002 freigelegt und sind daher völlig unbeschädigt.

In der so genannten Calcitkluft finden sich an Boden, Wänden und Decke grosse rhomboedrisch auskristallisierte Calcite. Auch diese wurden anlässlich der Höhlensanierung 2001/2002 freigelegt. Zuvor waren sie von einer dicken Lehmschicht überzogen.

Weiter hinten im ausgebauten Höhlengang kommen die Calcitkristalle weniger häufig vor. Das Mineral ist hier oft als Skalenoeder ausgebildet. Diese können Längen von bis zu 30 cm erreichen. Die Kris-

129 **Calcitstufe aus den Bodensedimenten der Ersten Halle. Breite 90 cm.**

talle sind an ihrer Oberfläche meist angeätzt, sodass sie ihren Glanz verloren haben. Daher pflegen diese Skalenoeder-Calcite auf den Besucher einen geringeren Eindruck zu machen als die grossen Kalkspatlager der Ersten und Zweiten Halle.

Hinter dem ausgebauten Höhlenteil bis etwa zur Dusche finden sich die Calcitkristalle in schlotartig erweiterten Klüften. Hier ist der Calcit weniger auffällig, angeätzt oder von Lehm überzogen.

Lämmler (1984) erwähnt zusätzlich zum Calcit-Vorkommen des Hauptgangs der Höhle noch Kleinstklüfte im anstehenden Gestein, welche im Bereich von Randzonen von Verwerfungen liegen. Der Calcit dieser Kleinstklüfte ist farblos oder weiss und erscheint in der Form maximal 8 mm langer Rhomboeder-Kombinationen. Skalenoeder kommen keine vor.

Weitere Mineralien

In den oben erwähnten Kleinstklüften fand *Lämmler* (1984) nebst Calcit auch die Mineralien Quarz, Fluorit sowie Pyrit. Im eigentlichen Höhlengang scheinen diese Mineralien aber nicht vorzukommen.

Beim durchwegs farblosen Quarz handelt es sich entweder um den Normaltyp mit Längen von maximal 6 mm, teilweise zweiphasigen Einschlüssen sowie kleinsten Vizinalflächen bis 0,5 mm Länge oder um Zepterausbildung mit Längen bis zu 8 mm. Weiter erwähnt er farblosen bis weissen Fluorit in kubischer oder selten oktaedrischer Ausbildung mit Kantenlängen bis 5 mm mit häufig schwachen Auflösungserscheinungen. Der Fluorit sitzt jeweils dem Calcit auf. Der Pyrit ist dunkelgelb mit starkem Metallglanz, oft limonitisiert, kugelig, strahlig oder selten als kubische Kristalle auskristallisiert, erstere Kristallformen mit einem Durchmesser von höchstens 2 cm und letztere mit Kantenlängen bis 2 mm.

Entstehungsgeschichte der Mineralien

11

Die Kristallhöhle Kobelwald verläuft zum Teil entlang tektonischer Bruchzonen im Schrattenkalk, die im Tertiär während der Deformation der Säntis-Decke entstanden sind. Die Calcitkristalle der Kristallhöhle bildeten sich als hydrothermale Mineralausscheidungen in Gesteinshohlräumen entlang dieser Brüche. Die Entstehung der Kristallhöhle erfolgte wesentlich später, vor etwa 100 000 Jahren, als durch die korrosive Tätigkeit der Sickerwässer entlang von Trennflächen ein Netz von Karströhren entstand, wobei die mit Calcitkristallen gefüllten Brüche teilweise miteinbezogen wurden und dadurch der heutige Höhlengang entstand.

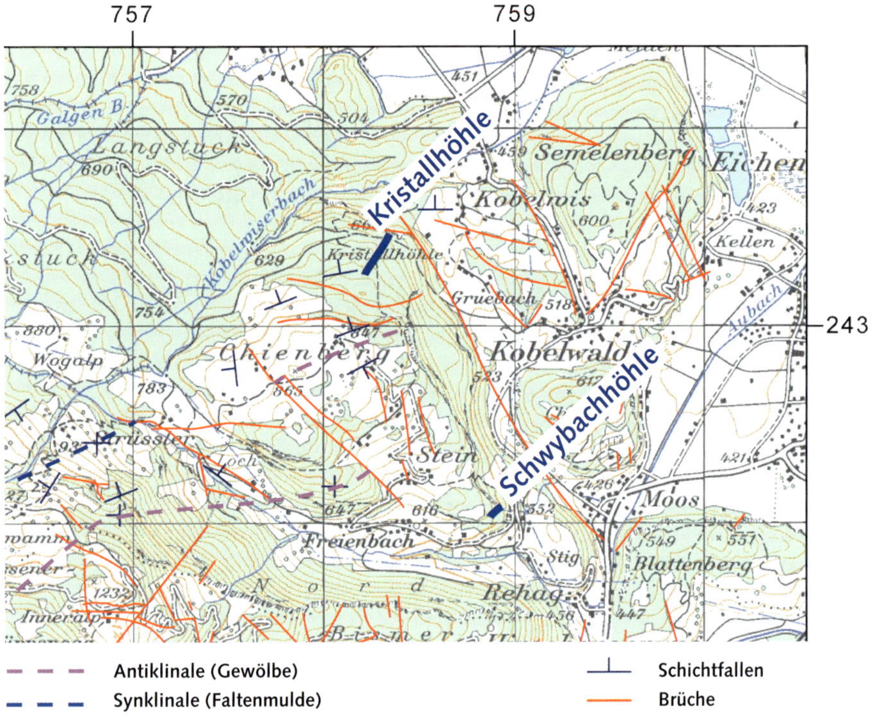

130 **Tektonische Brüche im Gebiet Chienberg.**

Aufgrund des Zusammenschubes der afrikanischen mit der europäischen Platte wurden die Gesteinsschichten der Säntis-Decke und der sie überlagernden Einheiten von ihrer ursprünglichen Basis abgeschert, verfaltet und gegen Norden auf das Molassevorland überschoben. Dabei wurden die verschiedenen Gesteine deformiert und es entstanden in der Längsrichtung der Faltenachsen der Säntis-Decke und quer dazu Brüche und Verwerfungen, welche den gesamten Gesteinsstapel steil durchziehen. Bei der Kristallhöhle verläuft das massgebende Bruchsystem quer zu den Faltenachsen, es handelt sich deshalb um Querbrüche. Im vorderen, erschlossenen Teil der Höhle haben die mineralführenden Hohlräume die Form eines elliptischen, flachliegenden Kluftkörpers, der im hinteren Teil in ein steil verlaufendes Bruchsystem übergeht.

Entlang dieser Brüche zirkulierten niedrigtemperierte, hydrothermale Lösungen. Diese lösten das karbonatische Nebengestein teilweise auf, wobei sich Karbonat- und Calcium-Ionen in der Lösung bis zur Sättigung anreicherten. Für die Löslichkeit der Karbonatmineralien sind vor allem der pH-Wert der hydrothermalen Lösung sowie der CO_2-Partialdruck ausschlaggebend. Es muss deshalb angenommen werden, dass bei der Mineralausscheidung auch Änderungen des Kohlensäuregehaltes der hydrothermalen Lösung, eventuell bedingt durch Druckentlastung oder Ausgasen von CO_2, eine wichtige Rolle spielten.

Im weiteren Verlauf des Zusammenschubes der beiden Kontinentalplatten und der damit verbundenen Krustenverdickung setzten Hebungsbewegungen ein, wobei die Gesteine der Säntis-Decke und der höher liegenden Einheiten in zunehmendem Masse der Verwitterung und erosiver Kräfte ausgesetzt wurden. Dadurch nahm die Gesteinsmächtigkeit über den Mineral führenden Hohlräumen sukzessive ab. Als Folge dieser Abnahme sanken sowohl die Temperatur als auch der Gesteinsdruck. Die hydrothermale Lösung wurde deshalb in zunehmendem Masse an gelösten Mineralstoffen übersättigt. Der nun von der Lösung abgegebene Calcit lagerte sich gesetzmässig an bereits vorhandenen Kristallkeimen an – es erfolgte die Bildung der Calcitkristalle. Auf der Oberfläche der Calcite abgelagerte Mineralbruchstücke deuten darauf hin, dass während des Mineralwachstums mehrmals Erschütterungen stattgefunden haben, die auf andauernde, tektonische Bewegungen hinweisen.

Weiterführende Angaben zur Entstehung dieser wässerigen Lösungen liefern Einschlussuntersuchungen an einigen Calcitbruchstücken, die von der AGS-Regensdorf für wissenschaftliche Zwecke gesammelt und von P. Häuselmann im Jahr 2001 am Geologischen Institut der Universität Bern analysiert worden sind. In den Calcitkristallen sind winzige, millimetergrosse Einschluss-Hohlräume mit Resten der ursprünglichen Lösung vorhanden. Diese wurden unter einem Mikroskop, das mit einem Heiz- und Abkühltisch ausgerüstet ist, untersucht. Dabei wurden die Mineralproben zur Bestimmung des Salzgehaltes der Einschlüsse unter den Gefrierpunkt des Wassers abgekühlt und zusätzlich zur Bestimmung der Homogenisationstemperatur über 100 °C erhitzt. Es wurden nun die in den Einschlusshohlräumen stattfindenden Phasenänderungen beobachtet. Die Ergebnisse können wie folgt interpretiert werden: Die untersuchten Einschlüsse wurden bei etwa 110 °C vom umgebenden Calcit eingeschlossen, was näherungsweise dessen Bildungstemperatur entspricht. Unter der Annahme eines geothermischen Gradienten von ca. 25 °C pro Kilometer würde dies bedeuten, dass die Mineralvorkommen zum

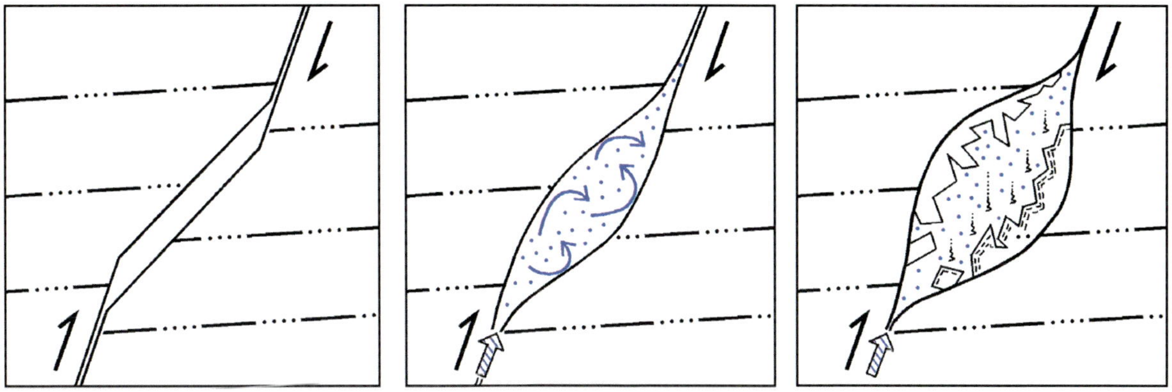

A B C

131 **Schematische Darstellung der Mineralentstehung (gezeichnet von Michael Soom):**
A: Tektonische Spannungen führen zu Rissen und Bruchsystemen im Schrattenkalk.
B: Heisse, hydrothermale Wässer dringen bei andauernden, tektonischen Bewegungen in das Bruchsystem ein und lösen das Nebengestein teilweise auf.
C: Bei sinkenden Gesteinstemperaturen und Drücken wachsen in der hydrothermalen Lösung Calcitkristalle; andauernde, tektonische Erschütterungen führen zu Fremdeinschlüssen auf den nach oben gerichteten Calcitflächen.

132 **Calcitstufe aus den Bodensedimenten der Ersten Halle. Höhe 60 cm.**

Zeitpunkt ihrer Bildung von einer Gesteinssäule von etwa 4 km Länge überlagert waren. Allenfalls vorhandene aufsteigende Thermalwässer hätten eine lokale Erhöhung des Temperaturgradienten zur Folge. In diesem Falle wäre die zur Erreichung der Temperatur von 110 °C notwendige Überlagerung entsprechend geringer.

Die Einschlüsse weisen zudem einen geringen Salzgehalt von maximal 2 Äquivalent-% Natriumchlorid[40] auf, was auf eine wenig mineralisierte und möglicherweise vorwiegend durch einsickerndes Meteorwasser beeinflusste hydrothermale Lösung hinweist.

Über das geologische Alter der Mineralbildungen lässt sich nur spekulieren, weil verlässliche Angaben über deren zeitliche Einordnung fehlen. Die Hauptdeformationen der Säntis-Decke erfolgten im frühen Oligozän vor rund 35 Millionen Jahren. Es bestehen Hinweise, dass die Anlage einzelner vertikaler Bruchsysteme zum Teil auch relativ früh erfolgten. Die Deformationen dauerten allerdings bis ins Pliozän, d. h. bis vor etwa 5 Millionen Jahren, an. Die Kristallisation der Calcite kann sich somit über einen längeren Zeitraum erstreckt haben; sie lässt sich zeitlich aber klar von der nachfolgenden Höhlenbildung abgrenzen.

Andere, in der Kristallhöhle vorkommende Mineralien dürften bei ähnlichen Bedingungen entstanden sein. Calcitkristalle finden sich am Chienberg nicht nur in der Kristallhöhle, sondern auch in den Oberlöchern, drei kleinen Höhlen am Mittelstein im Südwestabhang des Chienbergs. Eine Beschreibung der Oberlöcher wurde von *Stünzi* (1998 b) publiziert.

[40] Anteil an gelöstem Salz unter der Annahme, dass es sich vorwiegend um Kochsalz handelt.

133 **Wandpartie der Ersten Halle mit vielen Calcitkristallen.**

134 **Bruchspalte vor dem Tor am Ende des Schauhöhlenteils. An den Wänden sind viele Calcitkristalle gewachsen. Diesen sind vereinzelt Sinterbildungen aufgelagert.**

Anhang

12

12.1.

Hinweise zur Begehung

Geöffnet ist die Schauhöhle von Ostern bis 31. Oktober an Sonntagen und Feiertagen jeweils von 11.00 bis 17.00 Uhr. Besuche an Wochentagen bedürfen einer Voranmeldung beim Höhlenwart (Telefon 071 761 19 77). Während den Sommerferien ist die Höhle vom 10. Juli bis 10. August täglich nachmittags von 12.00 bis 16.30 Uhr geöffnet.

Für eine Besichtigung des Schauhöhlenteils der Kristallhöhle ist keine spezielle Ausrüstung erforderlich; einzig das Tragen solider Schuhe ist empfehlenswert. Die Lufttemperatur in der Höhle beträgt während des ganzen Jahres rund 9 °C. In nächster Nähe des Höhleneingangs befindet sich ein Picknickplatz mit zwei Feuerstellen.

Der Zugang zur Höhle ist sowohl ab Oberriet wie auch ab Kobelwald beschildert. Für Wanderer ist die Kristallhöhle auf den Wanderwegweisern der näheren Umgebung angegeben. Der Orientierung dient die Landeskarte der Schweiz, 1:25 000, Blatt «Gais», Nr. 1095. Lage der Kristallhöhle: Koordinaten 758.410 / 243.440.

Die Kristallhöhle ist im Geotopinventar des Kantons St. Gallen sowie im Schutzplan der Gemeinde Oberriet aufgeführt. Das Abschlagen sowie das Mitnehmen von Mineralproben ist verboten.

Wandervorschläge zur Kristallhöhle mit Zeitangaben:

vom Parkplatz «Tanzplatz»	5 Min.
vom Parkplatz Kobelwald	15 Min.
von Kobelwald	20 Min.
von Bushaltestelle Moos	1 Std.
von Eichberg	1 Std. 15 Min.
von Altstätten	2 Std. 30 Min.
von Eggerstanden	1 Std. 30 Min.
von Appenzell	3 Std.
vom Montlinger Schwamm	1 Std.
vom Hohen Kasten	2 Std. 30 Min.

Für Fahrzeuge stehen zwei nahe gelegene Parkplätze zur Verfügung. Den Parkplatz «Tanzplatz» (Pt. 668, westlich der Kristallhöhle) erreicht man ab Oberriet (beschildert) über die Waldstrasse Richtung Montlinger Schwamm. Die Höhle ist vom Parkplatz aus zu Fuss in 5 Minuten zu erreichen.

Vom kleineren Parkplatz westlich des Dorfes Kobelwald gelangt man nach einem Spaziergang von 15 Minuten Dauer zum Höhleneingang.

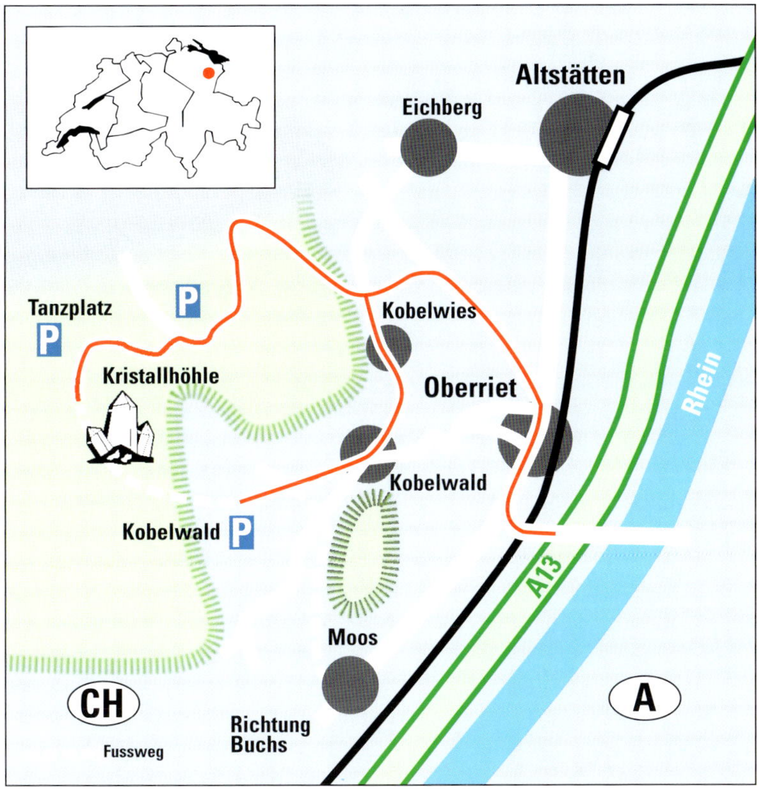

135 **Übersichts-Plan (vom Verkehrsverein Kobelwald zur Verfügung gestellt).**

12.2.
Literaturverzeichnis

A-S (1978): Die Kristallhöhle von Kobelwald. St. Galler Tagblatt, 1. September 1978.

Altherr Jakob (1994): Gabriel Walser (1695–1776). Pfarrer, Chronist, Geograph und Kartenzeichner. Das Land Appenzell. Nr. 24. Verlag Appenzeller Hefte, Herisau.

Aschwanden Hugo (1985): Zur Abschätzung der Abflüsse in ungemessenen schweizerischen Einzugsgebieten. Dissertation Geographisches Institut, Bern.

Bächler Emil (1903): Bericht über das naturhistorische Museum. Jahrbuch St. Gallische Naturwissenschaftliche Gesellschaft für das Vereinsjahr 1901–1902, S. 219–220.

Bächler Emil (1904): Bericht über das naturhistorische Museum. Jahrbuch St. Gallische Naturwissenschaftliche Gesellschaft für das Vereinsjahr 1903, S. 156.

Bächler Emil (1905 a): Vortrag über die Flussspathöhle in der Dürrschrennen beim Äscher-Wildkirchli und die neuesten Funde in derselben. Jahrbuch St. Gallische Naturwissenschaftliche Gesellschaft für das Vereinsjahr 1904, S. 36.

Bächler Emil (1905 b): Beiträge zur Kenntnis der Höhlen des Säntisgebirges. Jahrbuch St. Gallische Naturwissenschaftliche Gesellschaft für das Vereinsjahr 1904, S. 245–246.

Bächler Emil (1907): Bericht über das naturhistorische Museum. Jahrbuch St. Gallische Naturwissenschaftliche Gesellschaft für das Vereinsjahr 1906, S. 109.

Bächler Emil (1908): Minerale des Säntisgebirges. In: Das Säntis-Gebiet. Fehr'sche Buchhandlung, St. Gallen, S. 166.

Bächler Emil (1910): Bericht über das naturhistorische Museum. Jahrbuch St. Gallische Naturwissenschaftliche Gesellschaft für die Vereinsjahre 1908 und 1909, S. 356.

Bächler Emil (1911): Berichte über das Naturhistorische Museum. Jahrbuch St. Gallische Naturwissenschaftliche Gesellschaft für das Vereinsjahr 1910, S. 261.

Bächler Emil (1912): Berichte über das Naturhistorische Museum. Jahrbuch St. Gallische Naturwissenschaftliche Gesellschaft für das Vereinsjahr 1911, S. 148–150.

Bächler Emil und Bächler Heinz (1964): Minerale (des Säntisgebirges). In: Führer durch das Säntisgebiet. Fehr'sche Buchhandlung, St. Gallen, S. 193–194.

Bächler Heinz (1937): In der Kristallhöhle von Kobelwald. St. Galler Jahresmappe 1937, S. 81–83.

Bächler Heinz (1945): Untersuchungen über die Entstehung einiger Höhlen im Säntisgebirge. Bericht über die Tätigkeit der St. Gallischen Naturwissenschaftlichen Gesellschaft 71, S. 117–118 und S. 123–124.

Bernoulli Christoph (1811): Geognostische Uebersicht der Schweiz nebst einem systematischen Verzeichnisse aller in diesem Lande vorkommenden Mineralkörper und deren Fundörter. Schweighausersche Buchhandlung, Basel, S. 83 und S. 186.

Bosák Pavel (2003): Karst processes from the beginning to the end: How can they be dated? Speleogenesis and Evolution of Karst Aquifers 1 (3), (www.speleogenesis.info).

Dreybrodt Wolfgang und Gabrovšek Franci (2000): Dynamics of Evolution of Single Karst Conduits. Speleogenesis, Evolution of Karst Aquifers. In: Klimchouk Alexander B., Ford Derek C., Palmer Arthur N., und Dreybrodt Wolfgang (2000). National Speleological Society, Huntsville, USA, S. 184–193.

Eugster Hermann, Fröhlicher Hugo und Saxer Friedrich (1960): Blatt St. Gallen–Appenzell, Geologischer Atlas der Schweiz 1:25 000. Erläuterungen 23. Kümmerly & Frey AG, Bern.

Faesi Johann Conrad (1766): Genaue und vollständige Staats- und Erdbeschreibung der ganzen Helvetischen Eidgenossenschaft. Orell, Gessner & Cie., Zürich, Band III., S. 63–64.

Filipponi Marco (2000): Höhlenklima-Projekte der AGS. AGS-Regensdorf 2/00 (Zeitschrift der Arbeitsgemeinschaft für Speläologie Regensdorf), S. 10–11.

Filipponi Marco und Hitz Oliver (2001): Strukturbeobachtungen in Höhlen. Ein Vorschlag für ein Aufnahmeblatt. Akten des 11. Nationalen Kongresses für Höhlenforschung 2001, Ergänzungsband Nr. 15 zu Stalactite, S. 115–118.

Ford Derek (2000): Speleology under unconfined settings. Speleogenesis, Evolution of Karst Aquifers. In: Klimchouk Alexander B., Ford Derek C., Palmer Arthur N. und Dreybrodt Wolfgang (2000). National Speleological Society, Huntsville, Alabama, USA, S. 319–324.

Früh J. (1884): Geologische Exkursion in's Rheintal. Bericht über die Thätigkeit der St. Gallischen Naturwissenschaftlichen Gesellschaft, S. 105–106.

Funk Hanspeter, Habicht Konrad J., Hantke René und Pfiffner Adrian O. (2000): Blatt 1115 Säntis. Geologischer Atlas der Schweiz. 1:25 000. Erläuterungen 78. Bundesamt für Wasser und Geologie, Bern.

Furrer Heinz und Leu Urs B. (1998): Der Landesplattenberg Engi. Forschungsgeschichte, Fossilien und Geologie. Selbstverlag der Stiftung Landesplattenberg Engi.

Gächter Oswald (1935): Von der Kobelwieser Höhle. St. Galler Tagblatt, 3. Januar 1935.

De Gianpietro Maxime (2001): Tauchgang in der Kristallhöhle vom 18. Februar 2001. AGS-INFO 1/01 (Zeitschrift der Arbeitsgemeinschaft für Speläologie Regensdorf), S. 27–30.

Gruner Gottlieb Sigmund (1760): Die Eisgebirge des Schweizerlandes. Abraham Wagner, Bern, S. 178–179.

Gruner Gottlieb Sigmund (1770): Histoire naturelle des glacieres de Suisse. Panckoucke, Paris, S. 238.

Gruner Gottlieb Sigmund (1775): Versuch eines Verzeichnisses der Mineralien des Schweizerlandes. Typographische Gesellschaft, Bern, S. 34. – Ebenso gleiche Zusammenstellung erschienen (1775) in: Gruners Naturgeschichte Helvetiens: Beyträge zu der Naturgeschichte des Schweizerlandes. Drittes Stück. Anzeige der Schweizerischen Mineralien, zusammengestellt von Gottlieb Sigmund Gruner. Typographische Gesellschaft, Bern, S. 34.

Gsell-Fels Johann Theodor (1880): Die Bäder und Klimatischen Kurorte der Schweiz. Zürich, S. 483.

Guettard Jean-Etienne (1756): Mémoire dans lequel on compare le Canada à la Suisse, par rapport à ses minéraux, seconde partie, Description des Minéraux de la Suisse, in: Histoire de l'academie royale des sciences, année 1752, avec les Mémoires de Mathématique & de Physique,... Paris, 1756, S. 323–360.

Gyr Jakob (1934): Neues von der Kristallhöhle am Kienberg. St. Galler Tagblatt, 18. Oktober 1934.

Heierli Hans (1987): Der geologische Wanderweg am Hohen Kasten (Säntis Gebirge). Paul Haupt, Bern und Stuttgart.

Heim Albert (1905): Das Säntisgebirge. Beiträge zur geologischen Karte der Schweiz. NF 16. A. Francke, Bern, S. 281.

Jakober Willi (1924): Höhlen-Exkursionen (der Höhlenbesuchervereinigung Appenzell). VIII.: Kristallhöhle. Anzeiger vom Alpstein. 17. Jahrgang, Nr. 43, 1924. Appenzell.

12.4. Fachausdrücke

Aktiver Höhlengang: Höhlengang, der heute noch von einem Höhlenbach durchflossen wird – im Gegensatz zum fossilen Höhlengang.

Anstehendes Gestein: sich im festen, ursprünglichen Gesteinsverband befindende Felsmasse.

Antiklinale: Gewölbe, durch Aufbiegen der Gesteinsschichten entstanden.

Aquifer (Grundwasserleiter): Gesteinskörper, in welchem unterirdische Wässer zirkulieren.

Auskristallisieren: Entstehen von Kristallen aus Lösungen, Schmelzen oder Dämpfen.

Biogene Sedimente: Sedimente, die ganz oder teilweise aus Resten von Pflanzen und Tieren bestehen (z. B.: Pflanzliche Reste => Kohle oder Schalen, Korallen => Kalkstein).

Bruch: Oberbegriff für eine Fläche, entlang der das Gestein zerbrochen ist (z. B. Kluft, Verwerfung).

Calcit: Mineral der Karbonatreihe, $CaCO_3$.

Chemische Sedimente: Sedimente, die durch Ausfällung aus übersättigten Lösungen, normalerweise aus Meerwasser, entstanden sind (z. B. Gips).

Decke (tektonisch): von seiner ursprünglichen Unterlage abgelöster Gesteinskörper von regionaler Ausdehnung, welcher transportiert/verschoben wurde.

Derb: kristalliner Stoff mit regelloser Umgrenzung der einzelnen Mineralkörner.

Doline: Runde bis elliptisch geformte Mulde im Karstgelände. Entsteht beispielsweise durch Auflösung des darunterliegenden Gesteins oder durch Nachbrechen von Karsthohlräumen.

Doppelbrechung: physikalische Eigenschaft von Calcit, einen auf das Mineral fallenden Lichtstrahl in zwei Strahlen zu zerlegen, welche dann auf getrennten Wegen den Kristall durchlaufen und auch verlassen.

Doppelspat: farbloser, durchscheinender Calcit, bei welchem das Phänomen der Doppelbrechung beobachtet werden kann.

Einzugsgebiet (Quelle): Gebiet, dessen unterirdische Entwässerung (Sickerwasser) eine Quelle speist.

Ellipsengang: an einer Trennfläche angelegter und durch allseitig angreifende Korrosion bei vollständiger Wasserfüllung entstandener Gang mit linsen- bis kreisförmigem Querschnitt.

Erosion: mechanische Abtragung von Gestein unter der Einwirkung von fliessendem Wasser, Wind, Gletscher etc.

Erratischer Block (Findlinge): In der Eiszeit von einem Gletscher über grössere Entfernung transportierter Gesteinsblock.

Formation: Abfolge von Sedimentgesteinen, welche durch genetisch bedingte lithologische Merkmale gekennzeichnet ist.

Fossiler Höhlengang: wird im Gegensatz zu einem aktiven Höhlengang von keinem Höhlenbach durchflossen und ist heute an der Wasserzirkulation im Karst nicht mehr beteiligt.

Fuge: Trennfläche mit kleiner Öffnung, im Bereich von < 1 mm.

Gangprofil: Synonym für Gangquerschnitt.

Geologie: Wissenschaft von der Entstehung, der Geschichte und dem Bau der Erde sowie den Prozessen, die sie formten und auch heute noch formen, soweit anorganische Massen betroffen sind.

Geothermischer Gradient: Temperaturzunahme mit der Erdtiefe, angegeben in °C pro Kilometer (in der Schweiz je nach Gebiet etwa 25–35 °C/km, im nördlichen Alpenvorland ca. 25 °C/km).

Geotop: Bestandteil der Landschaft, welcher die Geschichte der Erde, des Lebens und des Klimas in besonders typischer und anschaulicher Weise dokumentiert.

Gesteine: natürliches Gemenge von Mineralien (z. T. auch aus Gesteinsbruchstücken oder Organismenresten aufgebaut).

Grundwasserleiter: siehe Aquifer.

Höhle: natürlicher, mindestens menschengrosser unterirdischer Hohlraum.

Höhlenklima: Gesetzmässigkeiten des «Wetters» in einer Höhle, also der durchschnittliche Zustand der Luft sowie deren Variabilität.

Homogen: gleichartig, in allen Teilen gleich beschaffen.

Hydrogeologie: Wissenschaft, welche sich mit den Erscheinungen, den Eigenschaften und dem Verhalten des unterirdischen Wassers befasst.

Hydrologie: Wissenschaft des Wassers, seiner räumlichen und zeitlichen Verteilung in der Atmosphäre, in und auf der Erdoberfläche, und den damit zusammenhängenden biologischen, chemischen sowie physikalischen Eigenschaften.

Hydrothermale Lösung: im Gestein zirkulierende heisse, wässerige Lösung, in welcher das Wachstum von Mineralien erfolgen kann.

Inkasion: Die Inkasion umfasst alle Begriffe, welche das natürliche Nachbrechen an Decken und Wänden eines unterirdischen Hohlraumes bezeichnen. (Synonyme: Deckenbruch, Blocksturz, Verbruch, Versturz, Einsturz, Höhlenverfall).

Isotop: Atome des gleichen Elements, mit gleicher Protonenzahl und unterschiedlicher Neutronenzahl, mit denselben chemischen Eigenschaften, jedoch unterschiedlicher Masse.

Kalkspat: deutsche Mineralbezeichnung für Calcit.

Karren: Sammelbegriff für oberflächliche Kleinformen, welche durch Lösungsprozesse entstehen.

Karst: Landschaft, welche vorwiegend durch Lösen des Gesteins entstanden ist, wobei das Gebiet weitgehend unterirdisch durch ein Netz von Karströhren entwässert wird.

Karströhre: durch Korrosion erweiterte Trennfläche.

Klastische Sedimente: Sedimente, deren Material aus der mechanischen Zerstörung bereits vorhandener, älterer Gesteine stammt und das aus Gesteinsbruchstücken (Klasten) besteht. Diese wurden durch Wasser, Eis oder Wind transportiert (z. B. Sandstein).

Kluft: nicht oder nur wenig geöffnete Fuge im Gestein.

Korrosion: Chemische Auflösung des Gesteins. Im Falle des Kalkes hauptsächlich unter Mithilfe von Kohlendioxid (CO_2).

Kristall: homogener Körper, dessen atomare Bestandteile eine geometrisch regelmässige Raumverteilung aufweisen.

Mäander(Speläologie): Gang mit tief eingeschnittenem Schlüsselloch-Profil.

Mineral: homogener anorganischer, natürlicher Bestandteil der Erdkruste.

Molasse: fluviatile, klastische Ablagerungen am Rande eines werdenden Gebirges.

Phantom: durch Einschlüsse von Fremdmineralien in einem Kristall markierte frühere Wachstums-Oberfläche.

Phreatische Zone: Bereich des Gebirges, in welchem alle Hohlräume (Poren) vollständig mit Wasser gefüllt sind.

Ponor (Schluckloch): Stelle, an welcher Wasser in den Untergrund verschwindet.

Rezent: Bezeichnung für Mineralbildungen (u. a.) der Gegenwart.

Rhomboeder: Kristallform von Calcit.

Schichtfugen: Trennflächen zwischen einzelnen Schichten, entstehen während der Zeit der Ablagerung infolge kurzzeitiger Änderung der Sedimentationsbedingungen, z. B. durch Zufuhr von anderem Sedimentmaterial.

Schlüsselloch-Profil: Höhlengang-Querschnitt mit einer phreatisch entstandenen Deckenellipse oben und

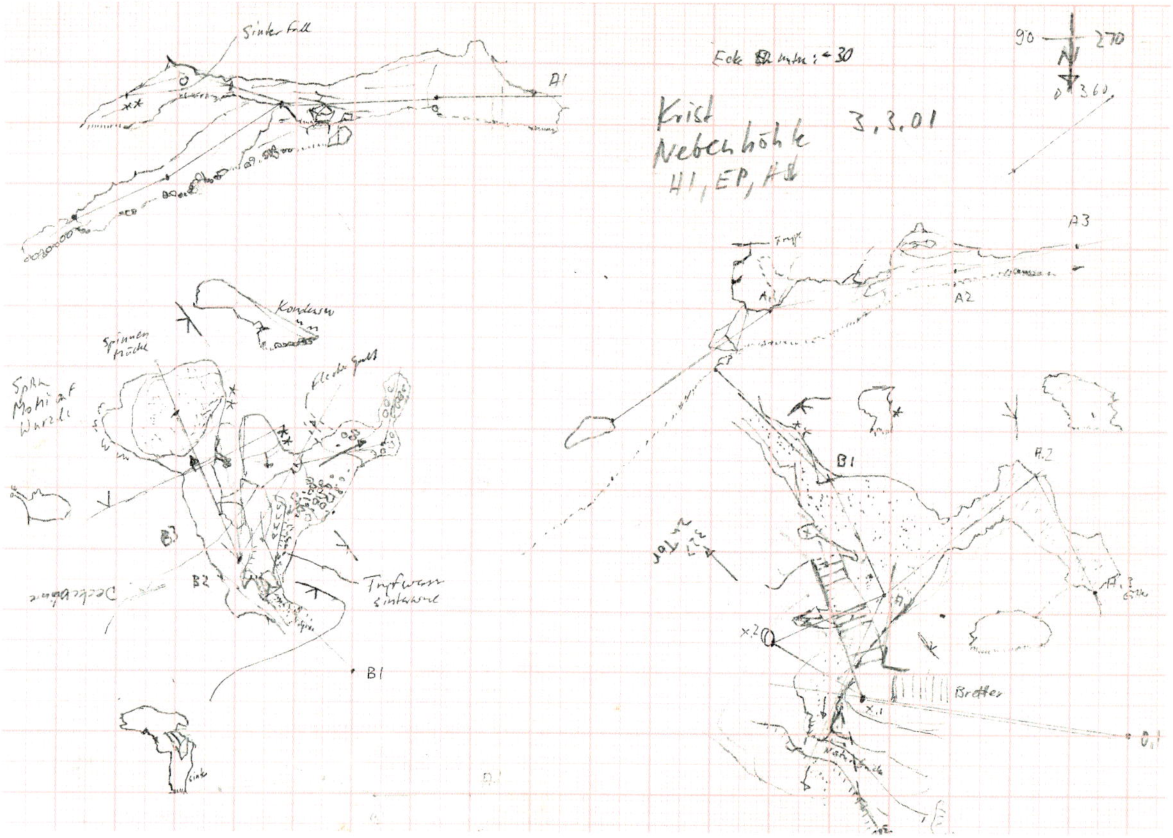

136 **Beispiel einer in der Höhle erstellten Planskizze (im Massstab 1:200 auf Millimeterpapier).**

Es sei erwähnt, dass die Planzeichnung immer eine Abstraktion ist und auf dem persönlichen Eindruck des Zeichners beruht. Beispielsweise weisen die meisten Höhlengänge – im Unterschied zu einem Tunnel – sehr unregelmässige Profile auf und haben keine «wahre» Gangbreite. So muss der Zeichner im Grundriss jene «sinnvolle» Gangbreite einzeichnen, die den Eindruck des Gangs am besten widerspiegelt. Auch die wahre Länge einer Höhle ist nicht exakt bestimmbar, da sie abhängig ist sowohl von der Wahl der Messpunkte als auch von der Beurteilung, ob ein Gangstummel zur Höhlenlänge gerechnet werden soll.

Tabelle einiger Messdaten der Kristallhöhle

Messstrecke	Länge	Höhendifferenz
Eingang bis Tor, Hauptgang	128 m	6 m
dito, inkl. Thomasgang, Stollen etc.	194 m	–8 m (Stollenausfluss) +15 m (Thomasgang)
Eingang bis Siphon	367 m	+26 m
Alle Höhlengänge (ohne Siphon)	595 m	–8 m (Stollenausfluss) +83 m (Schlot)
Summe der Messstrecken in der Höhle	648 m	
Schlot ab Hauptgang	99 m	+57 m
Nebenhöhle ab Eingang beim Führerhaus	37 m	–6 m

Spezielles im Schauhöhlenteil

1. ursprünglicher Abfluss, heute verstopft
2. Sinterkaskade in der Ersten Halle
3. Calcitlager mit alter Abbaustelle
4. Walserspalte
5. Sinterbrücke
6. Calcitlager mit Skalenoedern
7. Block mit Sinter-Kies-Wechsellagerungen
8. Tropfstelle mit Kieselsteinen
9. Sturzblock mit Eule

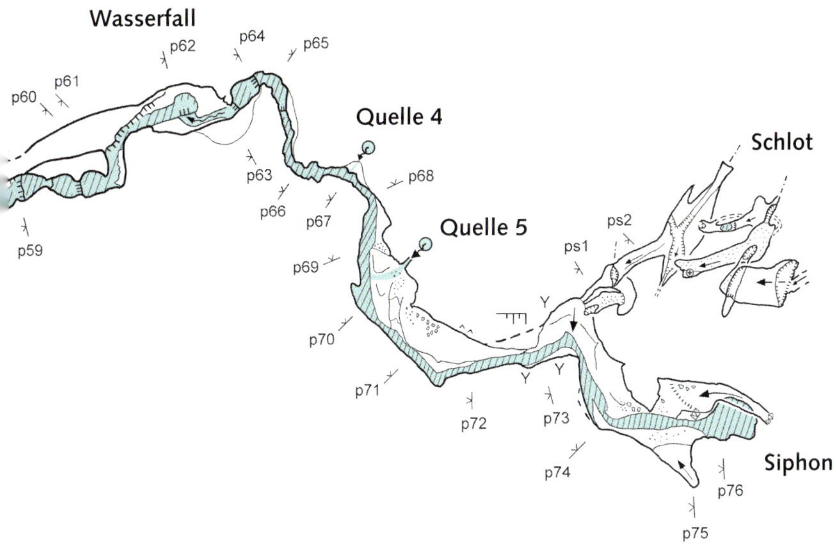

Boden aus Ton, Lehm, Sand, kleinen Steinen

Mittelgrosse Steine

Blöcke

Bodenplatten (im ausgebauten Teil)

Bach mit Fliessrichtung

Bach fliesst in niedriger Spalte neben dem Gang

Ausweitung des Gangs in die Schichtfuge an der Decke

Tiefer liegender Gang mit Bach

Pfeil gibt Richtung nach unten an

Angedeutete Höhenlinien

Schacht, Schlot

Absatz

Sinterröhrchen

Stalaktit

Sinter

Mondmilch

Kristalle

Kluftfuge

p17 Lage der Profile mit Nummer und Betrachtungsrichtung